中华优秀传统艺术丛书

建 筑

王长印　余芬兰 ⊙ 编著

U0207492

吉林出版集团股份有限公司

前　言

　　中国艺术，自古有之，它是中国文化成就的一部分，是更为精致的文化，是中华民族内蕴与气质的集中体现。它几千年来绵延不断，且多姿多彩，始终以各种审美形态占据着一个个时代的艺术巅峰。作为琳琅满目、门类繁多的珍品遗存，它至今仍以其独特的魅力和辉煌享誉世界。

　　在几千年的历史过程中，中华民族逐渐形成了独具特征的审美追求和艺术价值观。不论哪种艺术形式，最终所要表达的主要是一种审美的体验，一种高尚情操的宣泄。美是艺术的目的和推动力，而这种美最终要完成的是对人心灵的一种慰藉。艺者以心灵映射万象，也以万象言志。艺术孕育于社会，虽不能超越大自然，但会使大自然更美。

　　中国拥有悠久的历史、辽阔的地域、繁杂的社会形态，这些让中华艺术呈现多样化、多层次的历史发展轨迹，形象地记录了中华祖先高超的智慧和创造。它作为富有礼仪文化之邦的内涵，融合了中华多民族的艺术创造，同时也不断吸收外部世界的宝贵营养，并激发了自身机体的无限活力。

　　史前的彩陶，三代的青铜器皿，秦代的兵马俑，汉代的画像石砖，南北朝的石窟艺术，唐的佛塑与书法，宋元的山水画，元明清的建筑、说唱和戏曲，以及历代婀娜多姿的民间乐舞、工艺，无不巧夺天工，美不胜收，尽是中华民族文化之精华。

　　艺术是一种生命的律动，展示着生命之美。经济的全球化，对文化艺术产生了深刻的影响，又使优秀的文化艺术面临着巨大的危机。作为文化的继承者和传播者，最不能面对的就是这些灿烂文化艺术的消亡。世界是多样的，我们有足够的理由让这种律动继续下去，一个智慧而富有远见的民族对保护自己优秀遗产从来都是不遗余力的，这些优秀遗产关系着一个民族的兴衰和存续。作为炎黄子孙，应该对民族的优秀文化艺术存着一种尊重敬畏之心。

基于加强中华优秀传统艺术保护与推广的目的，我们选取了书法、国画、年画、唐卡、雕塑、篆刻、民歌、民乐、民舞、戏曲、曲艺、剪纸、编织、刺绣、陶瓷、花灯、风筝、对联、园林、建筑共二十个优秀传统艺术形式，一一介绍，力求表现其艺术的精髓，展现其经过成百上千年选择与沉淀下来的丰富的内容与形式。我们愿意将这些优秀文化艺术的特质呈现给广大读者，更希望通过它让世界对中国有一个深层次的了解和认识，推动我们传统文化艺术走向另一个顶峰。

编者

2013年1月20日

目 录

建　　筑

　　狭义的建筑是指人们利用泥土、石头、木材、砖瓦、钢铁、芦苇、玻璃等一切可以利用的材料，建造的一种供人居住和使用的空间构筑物，如房屋、桥梁、隧道、水坝等。广义的建筑除此之外还包括景观、园林建筑，甚至包括动物们有意识所建造的巢穴等。其有七性：计划性、技术性、观赏性、空间性、居住性、坚固性、实用性。建筑一般有三个构成要素：建筑技术、建筑功能和建筑艺术形象，有三个原则：坚固、实用和美观。中国古代传统建筑以泥土、石料、木材、砖瓦、芦苇等天然物质为材料。木质建筑是其中的典范。其多是以木架为主体结构，屋顶覆盖砖

古代建筑

瓦。这种古典式的建筑样式能够与自然很好地融为一体，是中国古人"天人合一"思想的具体体现。中国古代大型建筑的特点是：主要建筑物沿中轴线排列，次要建筑物于两侧呈对称排列，再辅以雕梁画栋、楹联匾额。1840—1949年，建筑呈现出中西合璧之势，但仍以传统建筑为主。1949年以后，新式建筑成为主体。

巢穴

穴，原始社会时期甚至更早以前，中国古人是居住于洞穴之中的，山顶洞人等可以证明这一点；巢，距今20万至5万年前，有巢氏教导人们构木巢居，形成冬则住窟、夏则居巢的生活方式。

天人合一

天人合一是由战国时的庄子提出，主张顺从天道，去人性之伪，天地人相通。西汉董仲舒将其发展，进而提出天人感应说，认为天能干预人事，人也能感通天地，为君权神授提供了依据。

楹联匾额

楹联是指对联，由左右长联和小横批组成。匾额是指带字的木板，横者为匾，竖者为额。

建筑的种类

　　中国古代传统建筑按样式和功用进行划分，包括宫殿建筑、陵园建筑、寺院建筑、宫观建筑、塔刹建筑、四合院建筑、园林建筑、窟洞建筑、桥梁建筑等种类。宫殿建筑又称宫廷建筑，因主要供帝王使用，所以具有规模宏大、气势雄伟、高拔威严等特点，多是前朝后寝式布局，以北京故宫和沈阳故宫为代表。陵园建筑主要以地上建筑为主，因古人认为人死后灵魂不灭，所以帝王将相的陵园大多修建得比较庞大，以明清皇陵和秦始皇陵为代表。寺院建筑兴起于北魏时期，主要特点是平面方形、轴线布局、稳重严整，以洛阳白马寺、五台山佛教建筑群、布达拉宫为代表。宫观建筑即道观建筑，因唐时道教受李氏皇族重视所以在"观"前又加以"宫"字，分为子孙观（师傅可以传给徒弟）和丛林观（道众共有，不能私传），以白云观和太清宫为代表。塔刹建筑，狭义的是指佛塔顶部的建筑物，广义的是指佛塔。初时佛塔被用来收藏佛骨，后来也用来收藏经书。

沈阳故宫

　　沈阳故宫，又名盛京宫阙、奉天行宫，位于沈阳市内，始建于1625年，初成于1636年，吸收了汉、满、蒙等民族的建筑风格。在1644年顺治移都北京以前，其是后金及清朝的王宫。

布达拉宫

洛阳白马寺

　　洛阳白马寺位于河南省洛阳市老城以东，由汉明帝下令修建于68年。东汉时期第一批传入中国的佛经便存放于白马寺中。白马寺有佛教"祖庭"之称，因驮经的马匹为白马而得名。

布达拉宫

　　布达拉宫，初名"红山宫"，有"第二普陀山"之称，位于拉萨市西北红山上，最初是松赞干布为文成公主所建，后遭雷火焚毁。重建后，其成为达赖喇嘛的冬宫——政教合一的权力机关。

11

古代建筑技术

须弥座

　　古代典型的传统单体建筑，在平面上有"面阔九间、殿身七间"之说，立体上分台基、屋身、屋面三部分，整体为木质结构。此类建筑的特点是以简支梁和柱子为主，以悬臂出挑和斜向支撑为辅。

　　台基建筑技术有普通台基、带勾栏台基、须弥座等。

　　屋身建筑技术以柱为主，主要类型有檐柱、金柱、山柱、中柱、童柱，其中一木柱为单柱，一木柱以上为叠加柱。叠加柱子的方法有叉柱造、缠柱造、永定柱造、通柱造。柱子的排列和做法有大柱、都柱、满堂柱、单槽、双槽等。柱与柱之间的连接部件有枋和梁。

屋顶建筑技术：屋顶呈"M"形曲线，有利用柱身高低变化和升降檩条两种；屋脊呈"C"形坡式曲线，方法是加生头木，工序是铺望板、上草泥、粘底瓦、装盖瓦。在屋顶结构中最重要和特殊的构件是斗拱，其由方形斗、矩形拱、斜向昂组成。其中，屋面横剖主要有举折和举架，纵剖有推山和收山。屋角曲线有合抱金檩、嫩戗发戗。

此外，装饰用的构件有栏杆、屏风、彩画等。

叉柱造

叉柱造，即下层柱子要粗于上层柱子。上层柱比下层柱少半个柱径，上下两柱之间用榫卯作结合部件，并且上层柱子的下端要开一个十字形的口以用来架于底梁或是斗拱上。

梁

梁，指柱子与柱子之间的横木。其起着联结独立分散柱子、稳定整体结构和承担建筑物重量的作用，其中面阔方向的梁被称为额。梁有直梁、月梁等类型。

彩画

彩画以矿物质为颜料，官式建筑多用正色黑、红、白、黄、青，民间多用绿、棕二色，种类有五彩遍装、解绿装、棱间装、丹粉刷饰、碾玉装。彩画源于汉唐，成于宋，发展于明清。

古代建筑结构

建筑结构是指建筑物中可以承担建筑物重量的构件及由其组成的体系，基本由台基、柱、梁、斗拱、屋盖、山墙等构成。辅助装饰性的有彩画、开间、藻井等。

台基，是指建筑物高出地面的基座部分，主要作用是防潮防腐，分为小型建筑用的灰土砖石基座和大型建筑用的条石基础、须弥座、须弥群组座。柱，古时用木头作圆形柱，多用松木和楠木，立于石头或是金属的底台上。其向下立于台基，向上支撑拱梁。梁，即柱上横木，是屋顶骨架的主要部件，多用松木、榆木、杉木等。斗拱，方形为斗、弓形为拱、斜长木为昂，三者合称斗拱，主要作用是支撑梁架、外挑屋檐。屋盖主要有六种，即四面斜坡的庑殿顶、四面斜坡又有坚墙的歇山顶、屋面双坡四条垂脊的悬山顶、屋面双坡山墙高突的硬山顶、圆锥或多边锥形的攒尖顶、屋面双坡中为圆弧的卷棚顶。山墙，指房屋两侧的墙面，顶部多呈山尖形或梯形，有的与屋面齐平，高出屋面者多有防风防火的作用。

开间、藻井

四根柱子围出的立体空间叫作间，房屋正面方向的间叫开间，又叫面阔。开间多取奇数，如七、九等。藻井，指古代雕刻或绘制在室内屋顶上的装饰，有圆、方格、八角等形状。

斗拱

须弥座

须弥座，又名金刚座，主要用于佛像、神龛、宫殿和寺院建筑中。相传"须弥"是古代印度神话中位于世界中心的山。此山是世上最高的山，所以须弥座以高大为特点，由砖石构成。

屋盖

屋盖，除攒尖顶外，庑殿顶、歇山顶、悬山顶、硬山顶、卷棚顶都有坡面，基中四坡者为庑殿顶和歇山顶，二坡者为悬山顶、硬山顶和卷棚顶。屋盖又分重檐和单檐两种。

原始社会建筑

　　原始社会建筑，是指旧石器时代和新石器时代以石刀、石斧等石器为建筑工具，以木、石、土及土坯砖等为建筑材料，修建起来的圆形、方形、吕字形或数间相连的房屋建筑。这一时期房屋建筑是主要建筑形式。在旧石器时代初期（约50万年前），原始人主要以天然洞穴为居所。进入氏族社会以后，随着生产力的发展，开始出现地面上的人工制造的房屋建筑。按地域和形式划分，一种是干栏式建筑，主要流行于长江流域潮湿多水地区，以新石器时期的浙江余姚河姆渡遗址为代表，最大特点是采用了榫卯技术。另一种是木骨泥墙式建筑，主要流行于黄河流域干旱少

原始社会房屋（复原景观）

雨地区，以陕西西安半坡遗址和临潼姜寨遗址为代表，最大特点是以木结构为主。

在布局上，原始社会建筑大多呈圆环式分布，村寨中心是公共活动场所（公共活动场所一般为广场或是大屋子），周围零星分布小房子或是又自成圆环的居住群。村外有墓园和烧窑场，村边有防御性的壕沟和围墙，村内有地窖。

石器时代

石器时代，指从人类出现到铜器出现之间的一个历史分期。石器时代有两个发展阶段：以打制石器为主的旧石器时代、以磨制石器为主的新石器时代。

氏族

氏族产生于原始社会旧石器时代的中晚期，实行族外婚，以血缘为社会关系纽带，有共同的祖先和图腾崇拜，实行集体劳动平均分配，分为母系氏族和父系氏族两个发展阶段。

干栏式建筑

干栏式建筑，就是下面以木桩为基础，桩上铺以木板，然后再在架空的桩板上建造干栏式房屋，与现在南方的吊脚楼相似。其有两个发展阶段：打桩式时期和挖坑式时期。

奴隶社会建筑

奴隶社会建筑经历了夏、商、西周三个发展时期，时间从公元前2100至公元前771年。这一时期生产工具由石器转变为青铜器。随着生产力和社会经济的发展，房屋建筑逐渐大型化和成熟化，为中国封建社会时期的建筑发展奠定了基础。

夏，这一时期国家开始出现，王位实行世袭制，社会阶级有奴隶主、平民、奴隶，为了维护统治，最先出现的建筑是国家暴力机关，如关押犯人的监狱，河南偃师二里头遗址还发现有宫殿群。

商，这一时期除了宫殿建筑外，随着厚葬思想产生的陵园建筑也有所发展。前者可参见河南安阳宫殿遗址，后者可参见河南安阳妇好墓。建筑方面出现了永定柱和夯土技术，布局上呈现出方正整齐的风格。

西周，这一时期在宫殿建筑、陵园建筑之外，还出现了城（西周都城镐京）和四合院式建筑，宗庙建筑兴盛起来。建筑方面出现了斗、瓦及排水管道。

青铜器

青铜器是由青铜制成的各种器具，诞生于人类文明的青铜时代。由于青铜器在世界各地均有出现，所以也是一种世界性文明的象征。

河南偃师二里头遗址

河南偃师二里头遗址距今约3800年，位于河南省洛阳偃师二里头村，包括夏、商两朝四个文化层，发掘出宫殿建筑遗址、宫城城墙、青铜器、玉器、陶器等，对研究夏朝社会有重要价值。

妇好墓

古时女子不称姓，"妇"为亲属称谓，"好"为名，妇好是商王武丁的王后，著名军事家。其墓发掘于1976年，位于河南安阳小屯村西北，庙号"辛"，出土有玉器、青铜器。

妇好墓

世室、重屋、明堂

　　世室、重屋、明堂是同一种建筑在不同朝代（夏、商、周）的名称，专指奴隶社会及封建社会初期帝王祭祀的场所。其为宗族家庙，主祭历代先主。东汉蔡邕的《明堂月令章句》一书记载："明堂者，天子大庙，所以祭祀。夏后氏世室，殷人重屋，周人明堂。"世室之名的由来，东汉的郑玄在注解《周礼·考工记·匠人》时这样解释道："世室者，宗庙也。"《公羊传·文公十三年》载："世室者何？鲁公之庙也。周公称太

家庙

庙，鲁公称世室，群公称宫。此鲁公之庙也，曷为谓之世室？世室犹世室也，世世不毁也。"重屋之名的由来，戴震在《考工记图》中这样记载："重屋，复屋也。别设栋以列椽，其栋谓之梦，椽栋既重，轩版垂檐皆重矣。"《文选·张衡〈东京赋〉》中记载："复庙重屋，八达九房。"明堂之名的由来，李贤在《后汉书·独行传·范冉》一书中注道："此言明堂，亦神明

之堂。"古时也把宣明政令的殿堂叫作明堂。世室除祭祀外，还有教人学习、飨养贤老的功能。

蔡邕

蔡邕（133—192），字伯喈，今河南人，东汉文学家、书法家，自创"飞白"书体，因曾官至左中郎将，所以又称"蔡中郎"。作品有《述行赋》。

郑玄

郑玄（127—200），字康成，今山东人，官至大司农，东汉经学家，对《周易》、《尚书》、《毛诗》、《仪礼》、《礼记》、《孝经》等进行过注释，世称其学为郑学。

戴震

戴震（1724—1777），字东原，一字慎修，今安徽人，清代著名学者，曾参与编修《四库全书》，著作有《考工记图》、《尔雅文字考》等。梁启超称其为"前清学者第一人"。

邑

邑，会意字，上边的"口"表示疆土和城墙，下边的"巴"表示跪着的人，指民众，合起来"邑"便表示"城"，多指比较小的普通城池或民众聚居地，有附属、附庸之意。按照由上至下的级别划分，君王所在的城市规模较大，称为京城，有君王祖先宗庙的城池称都，其他多称邑，包括诸侯的封地、士大夫的采地、普通居民聚居之所。先秦早期，邑虽然与城有关，但多用来指代那些没有防御性城墙的村镇。在数量上，村镇性的邑要比城池性的邑多出很多，这主要是由当时的生产力水平决定的。铜质的生产工具在这时还经常与石器杂用，耕地多用人力，还没有完全进入牛耕阶段，低下的农业生产力无法供养过多的城市人口，这就决定当时的城市规模不会很大，并且数量不会很多。先秦早期村镇性质的邑除指村镇外，还包括其所属田地，基本属于农村公社，所以当时才会有"十室之邑"、"百室之邑"的说法。一个大臣的封邑可以达到百余个。到战国时期，邑开始大型化，出现了"千丈之城、万家之邑相望"的现象。

会意

会意，造字四法之一。方法是根据字义之间的相互关系把两个或两个以上的独体字拼合成一个表示新意的新字。使用这种造字法创造的字叫作会意字。

诸侯

　　在先秦时期，特别是周朝实行的是分封制，除王都及周边地区外，天子多命王室亲族、开国功臣或附属盟友带领武装家臣到指定地点统率当地百姓和管理土地，建立诸侯国家，而他们就是诸侯。

先秦

　　先秦，指秦灭六国建立统一性的大秦帝国之前的历史阶段，包括历史传说时期以及夏、商、周三朝，具体截止时间为公元前221年，社会形态上经历了原始社会、奴隶社会、封建社会。

邑

殷墟宫殿宗庙遗址

司空、匠人

司空，又有作"司工"者，是西周时期开始设立的官职，位于三公之下。其与司马、司士、司寇、司徒并列，主要职责是掌管水利建设和营房造城。春秋和战国时各国多设有此职，宋国的司空曾经为了避宋武公的名讳（宋武公名司空）改称为"司城"，孔子也曾经担任过鲁国的司空。此后，历代官职中虽偶现司空之名，但职责已经与周时大不相同。西汉大司空是指负责监察的御史大夫，东汉司空除负责谏争外，还掌管水利建筑。《后汉书·百官志》在注解"司空"时这样解释："掌水土事。凡营城起邑、浚沟洫、修坟防之事，则议其利，建其功。"

相对司空而言，匠人是指专门从事体力劳动又有一技之长的人，西周和春秋战国时期多由平民担当。虽然匠人地位比奴隶要高，但仍属被压迫和被剥削的阶层。这一时期匠人多用来指代建筑工匠，如《周礼·考工记》中有"匠人营国，方（方圆）九里，旁（每边）三门"的记载。《春秋》中有卫国曾因役使匠人时间过长从而引起暴动杀死卫君的记载。

三公

三公是古时的高级官职名称。周时指太师、太傅、太保；西汉时指太师、太傅、太保；东汉时指司马、司徒、司空；三国隋唐时指太尉、司徒、司空；宋元时指太师、太傅、太保。

西周城墙夯土

名讳

讳指有顾忌，不能直说。名讳是指在中国封建社会中不能直说长辈、贤士或君王等的名，多采用改字、改音、缺笔等方法，如为避司马昭的讳便将王昭君改称明妃。

孔子

孔子，子姓，孔氏，名丘，字仲尼，今山东人，春秋晚期著名的思想家、儒家创始人，提倡仁政和恢复西周之礼。相关作品有《论语》、《春秋》等。

城　郭

古城墙

城，形声字，"土"表示土堆，意指高墙，"成"既表音也表意，指完全，所以"城"是指都邑周边完全封闭的、具有防御能力的高而厚的土墙，后发展成为砖石结构。城除城墙外，还有沟池，如《礼记·礼运》"城郭沟池以为固"。其作用是"所以盛民也"、"可以自守也"、"城为保民为之也"。

郭，又叫外城，是在城之外加筑的一道城墙，所以当城与郭相对时，上文所说的城即为郭，其中另筑的无沟池之内城叫作城，因此古人有"内城外郭"之说。这种说法可参见《说文》"郭，外城也"、《管子·度地》"城外为之郭"和《孟子·公孙丑下》"三里之城，七里之郭，环而攻之而不胜"。

城郭制大多用于各代都城建设，但秦国是此中例外，目的是"筑城以卫君，造郭以守民"，其中城又分宫城和皇城，所以各代都城有三道城墙，府城有两道城墙，县城有一道城墙。后来城、郭经常合用，泛指城市。

墨子

墨子（前468—前376），名翟，今河南人，著名思想家、军事家。其为墨家创始人，提倡兼爱、非攻、尚贤、节用、节葬，传世之书有《墨子》。墨子死后其学说分为三派。

管子

管子，名夷吾，字仲，又称敬仲，今安徽人，著名政治家，春秋时齐国丞相，辅佐齐桓公成为五霸中的第一霸，被称为"春秋第一相"，传世之书有《管子》。

孟子

孟子（前372—前289），名轲，字子舆，是孔子之后战国时期儒家代表人物，主要思想有"法先王、实仁政、主王道、民贵君轻、人之初性本善"等，传世之书有《孟子》。

战国至秦汉建筑

战国时期是封建制度确立的初期，处于天子失权、诸侯争霸、天下由分裂割据走向大一统的阶段，建筑类型主要以城市、宫殿、高台、水利军事工程等为主，如城有赵城邯郸等、高台有吴姑苏台等、水利工程有李冰所修都江堰等、军事工程有七国长城等。建筑工具开始使用铜器等金属工具，榫卯结构、砖、瓦、彩画纷纷出现，在风格上呈现出北方以理性对称为主、南方以浪漫绚烂为主的两种不同样式。

秦统一六国后所修建的建筑都以工程量浩大著称。秦国的咸阳城有"宫馆阁道相连三十余里"之说，最大特点是取消了城郭制，因势利导，将人工建筑与自然合为一体，其他工程还有阿房宫、甘泉宫、秦始皇陵、长城、直道、驰道等。

汉时中国传统建筑技术已经趋于成熟，主要技术有砖瓦技术、歇山顶等屋顶技术、穿斗式等木构技术。建筑样式上城市以长安为代表、宫殿以未央宫为代表、陵墓以卫青墓为代表、寺院以白马寺为代表，其风格自然而圆润，奔放有气势。

直道、驰道

直道修于公元前212年，由陕西至包头，是秦时重要的军事道路，因取线笔直故名。驰道修于公元前220年，秦时以咸阳为中心、通向全国的驰道共有9条，为军事专用道路。

都江堰宝瓶口

都江堰

　　都江堰，又名"湔堋"、"金堤"等，位于四川都江堰市以西岷江上，是成都平原上重要的水利工程，建于公元前256年，建造人为秦国李冰父子。经过历代维护修建，其一直使用至今。

卫青

　　卫青，字仲卿，谥号"烈"，西汉大司马、大将军，与匈奴七战七胜，功封"长平侯"。为表彰卫青的功绩，汉武帝特意在自己的陵墓——茂陵旁边为其修建了"阴山墓"。

长　城

　　长城，即长又有防御功能的城墙，主要修建于北方地区，由东向西延伸，功能是将北方农业带和草原带分离开来，防范游牧民族南侵，保护农业地区定居人民正常的生产生活和财产安全。因长达近万里，所以又被称为"万里长城"，是世界八大奇迹之一，始建于春秋战国，目前已经有2000多年历史。

　　长城的产生和发展主要分为三个阶段：春秋战国时期的长城，初期各诸侯国修建烽火台作为外族入侵时报警之用，后来将烽火台用城墙联结起来，构成了各国各自为用的"小长城"。秦

长城烽火台

始皇统一六国以后，便将之前各诸侯国的小型防御长城连接起来，这时才形成真正的长城。长城发展到这时已经比较成熟了。现存的长城为明朝长城。明长城东起鸭绿江、西至嘉峪关，全长8851.8公里。明长城共分四道：一是外长城；二是内长城，从内蒙古向北至怀柔；三是内三关长城，基本与内长城并行；四是重城，以雁门关附近居多。

烽火台

烽火台，又名"烽燧"、"烽堠"、"烟墩"。白天的烟叫燧，夜间的火叫烽。烽火台是古代用烟雾来报警的军用高台，有方形，有圆形。烽火台有单用的，有组成烽堠群的，也有与长城合用的。

鸭绿江

鸭绿江，古称"浿水"、"马訾水"，原为中国境内河流，现为中朝之间界江，发源于长白山，最终流入黄海，全长近800公里，唐时始称"鸭绿江"。

嘉峪关

嘉峪关，被誉为"河西第一隘口"，位于甘肃省，是明长城西端的起点，丝绸之路上重要的军事要塞。此关始建于1372年，建成于1540年，由内城、瓮城、罗城、长城峰台等组成。

阿 房 宫

阿房宫又名"阿城"，初始之时是先有城后筑屋，城修好后人们便以"城"为其名，后来因城中宫殿雄伟壮丽，所以才又以"宫"为名。

阿房宫位于今陕西西安阿房村地区，总体建筑面积达到11平方公里，始建于秦惠文王时期。秦朝统一六国后秦始皇于公元前212年、秦二世又于公元前209年两度对其进行续建。秦末大起义中阿房宫被项羽焚毁。不过项羽只是烧毁了宫殿，其城仍然存在。汉时曾在其原址上修建宫殿，唐时阿城仍然存在，南北朝时在此处建有佛寺，此后才逐渐被废弃。

阿城城墙并不是完整的环形，而是呈"∩"字形，东、西、北三面有城墙，南面没有城墙。宫殿建筑分前殿、上天台、磁门、北司、长廊、卧桥、左右宫、宫甲等部分，其中前殿建筑是主体，其下为长1320米、宽420米的长方形土质台基，据史料记载其内可坐万余人。

阿房宫名称的由来

阿房宫的名称由来有四种观点：一是因其近于秦都咸阳取"近也"之意，故名为"阿"；二是因构造弯曲取"四阿房广"之意；三是因高大取"阿上建房"之意；四是来自女子阿房。

阿房宫读音

阿房宫读音有三种观点：占正统地位的读音是"ē páng gōng"；第二种观点是读音为"ē fáng gōng"，差别在第二字；第三种观点是读音为"ā fáng gōng"，意指"那个房地建起来的宫殿"。

磁门

磁门，即用磁石为材质做成的门阙。因磁石可以吸铁制兵器和甲衣，所以此门的第一个作用是安全检测，保卫皇宫安全，第二个功能是通过磁门的防御功能对四方各族起震慑作用。

今人依据想象建立的阿房宫

33

骊 山 陵

　　骊山陵为秦始皇陵。古人称黑马为"骊"，而骊山就如黑色骏马，故名。骊山陵位于西安临潼骊山脚下，始建于公元前248年，公元前210年秦始皇下葬完工，前后共达38年，主要负责营建者是李斯和章邯。

　　主要建筑手段是人工挖掘夯筑，动用的人力最多时可达72万，当时秦朝的总人口才2000万。当然这只是最高值，平时动用的人力远远低于这个数量，并且主要服役群体是囚犯。骊山陵之所以建成如此巨大的规模，主要是因为秦始皇认为此墓应该与自己的功业相等。新中国成立前有少量文物出土，1974年正式挖掘

骊山陵里的兵马俑

了三个陪葬坑。骊山陵在构造和布局上分为两大部分：第一部分是骊山陵本身和两重墙垣。据史料记载，骊山陵高76米，东西长345米，南北长350米，呈方锥形，上以珠宝作日月星辰，中置宫殿楼台，下以水银拟山川河流。第二部分是陵外的殉葬大冢和随葬品兵马俑。俑坑中兵俑、马俑的大小与真人、真马基本相同，此外还有大量兵器和战车与之相配。

秦始皇

秦始皇（前259—前210），姓嬴，名政。秦始皇继承秦国传统，注重法制，出土的"云梦竹简"证明其法制包括刑、诉讼、行政、经济、民法等。

章邯

章邯，字少荣，秦时官至少府，著名将领，秦亡后被项羽封为"雍王"，公元前205年与刘邦交战时战败自杀。主要功绩是镇压秦末农民起义，相继打败周文、田臧、魏咎和项梁等。

兵马俑

兵马俑，陶质，与真人真马大小等同，分为弓、步、骑、战车兵俑和将军俑等两大种类。武器都为实战用的青铜器。俑本来是彩陶，但因在挖掘时缺少保护措施而脱色，最后变成无色俑。

西汉木构架

西汉木构架主要有两种：抬梁式和穿斗式。抬梁式又称"叠梁式"，下有立柱，柱上放梁，梁上又可安梁，各梁逐层缩小，最终以小立柱、三角撑等组成屋架。立柱主要起到分担重量的作用。该式样主要应用于大型木质建筑当中，如皇宫、寺庙、宫殿等。抬梁式木质构架到春秋时期就已经有了，发展于秦汉，成熟于隋唐。隋唐时抬梁式建筑进一步细分为殿堂型和厅堂型，代表建筑为五台山佛光寺的大殿、天台庵的正殿。宋代继承了隋唐时的建筑成就，清时又将其细分为大式和小式。

穿斗式，又称"串逗"式，先是用穿枋把各个分散的柱子连成一个整体，组成一个个相对独立的房架，然后在柱子上端安放檩条，顺着檩条的方向用斗枋把柱子联结成一个大的完整屋架。穿斗式木质构架主要使用于居室等小型建筑当中，缺点是柱子密集造成屋内空间狭小，优点是整体性强、用料少。

抬梁式和穿斗式之间的最大区别是：抬梁式可以使用跨度较大的梁换取空间，而穿斗式则没有大跨度的梁。

五台山

五台山位于中国山西省东北部，距省会太原市230公里，与四川峨眉山、安徽九华山、浙江普陀山共称"中国佛教四大名山"。其是中国著名旅游胜地，列中国十大避暑名山之首。

木构建筑

天台庵

　　天台庵位于平顺县城东北25公里处的坛形孤山上。其规模并不是很大，是目前仅存的四座唐代木结构的古建筑之一，是重点文物保护单位。

西汉

　　西汉，国号本为"汉"，刘邦为开国皇帝，为与后来的东汉相区别，便据其国都长安位于西部而称其为"西汉"。西汉比东汉更强盛，击匈奴，通西域，是当时世界上最强大的国家。

石 建 筑

赵州桥

　　最初的石质住所是岩洞，如武夷山崖居遗址。后来人们学会用天然石块或砾石建筑房屋，再后来才学会开凿岩石作为建筑材料。中国传统上将制造石质建筑物称为"石作"，时间最早可上溯至5000多年前。中国石质建筑的最大特点是石木并用，纯石质的相对比较少。建筑样式主要包括祭坛、碑、围墙、墓葬、栏杆、柱基、石桥、石亭、台阶等，类型可分为单体建筑（如长城、赵州桥）和附属建筑（如华表、牌坊）两类。

　　建造方法主要分为粗制叠砌和精制加工两种。粗制叠砌建筑以民居为主，如河北太行山区的千家石头村、贵州石板房；精制加工建筑以墓葬和军事、宗教、公共交通建筑等为主，如敦煌莫高窟、福州乌塔、绍兴荷湖大桥等。

宗教在中国石建筑发展过程中发挥了重要的作用，主要表现在佛教石窟建筑上，如龙门石窟、云冈石窟等。中国主要产石地区为两广、河南、河北、福建、四川、云南等。

赵州桥

赵州桥，又名"安济桥"，取安渡济民之意，位于河北赵县，修建于605年左右，建造者为李春，已有1400余年历史，是世界上现存最早的石拱桥，从古至今总共经过9次维修。

华表、牌坊

华表是中国古代陵园或宫殿前用于装饰的石柱，由底座、柱、盘、蹲兽、云状石片五部分组成。牌坊是古时用来表彰功德忠孝、标记地名的建筑，下为柱，中为牌，上为檐状建筑。

贵州石板房

贵州石板房主要分布在贵州镇宁和安顺等地，正面为楼，后面为方形，是布依族的典型民居。石板房的墙由石条、石块砌成，房顶由石板铺盖，只是屋顶用少量木料作檩。

魏晋南北朝建筑

　　总体上讲，魏晋南北朝的建筑呈现出"二少一多"的特点，即创新少、特色少、借鉴多。在建筑材料上，这一时期开始由土木混合向全木结构过渡，砖石结构也有所发展，但在大型建筑上仍然使用已经成熟的土木混合结构。在建筑风格上，由庄严、古朴的汉风转向劲放、伟丽的唐风。此时期的建筑主要有佛教建筑、单栋建筑、都城建筑、皇室建筑。

　　佛教建筑，由于佛教在这一时期兴盛起来，所以中亚一带的建筑风格也传入中原，佛教建筑是最大的亮点。后人有诗形容道："南朝四百八十寺，多少楼台烟雨中。"佛教建筑主要有寺庙建筑、高层佛塔、壁画石窟等三种样式。

　　单栋建筑，楼阁建筑普及开来，多呈方形，斗拱以人字拱和曲脚人字拱为主，栏杆是直棂、勾片混用，柱有直柱、方柱、八角柱三

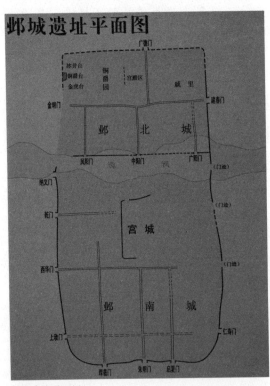

邺城遗址平面图

种，门有版门，窗有直棂窗，屋脊以曲线为主。

都城建筑，以三国时期的邺城为代表，还有洛阳、建康等。邺城首创中轴线对称布局。

皇室建筑，以铜雀园为代表，内有铜雀台、冰井台、金虎台相互连通，此外还有昭阳殿、太极殿等。

魏晋南北朝

魏晋南北朝，先魏代东汉，后西晋代魏，西晋亡，司马睿在江南建立东晋，北方进入十六国时期。东晋灭亡后进入宋齐梁陈南朝时期，北方进入北魏、东魏、西魏、北齐、北周北朝时期。

建康

建康为六朝古都，初名金陵，秦时名秣陵，孙吴时叫建业，西晋改称建康，东晋以后五朝都沿用此名，现此城为江苏南京。

铜雀台

铜雀台，位处河北临漳县郊外，由三国时的曹操主持修建。相传曹操在击败袁氏集团后喜得铜雀一只，认为是吉祥之象，便下令筑台并以"铜雀"命名。此外，还有金虎、冰井二台。

佛　　寺

　　佛寺是专供佛教僧尼进行宗教活动和居住、信徒进行朝拜的场所。东汉佛教刚传入中原的时候，中央王朝将天竺僧侣安置在鸿胪寺，后将其改称白马寺。"寺"虽然已经使用于对佛教道场的称呼中，但还没有成为专有名词。初时佛寺没有统一的名称，使用过浮屠祠、伽蓝等称谓，直到明清才以"寺"、"庙"作为佛寺的通称。

　　初期中国佛寺的建筑样式是仿照古印度佛寺，中期逐渐加入中国元素，开始按照古中国官署布局来设计安排，到后期已经将中国的庭院木架结构和园林完美地融合为一体。处理方法是：将中国庭院式的佛寺安置在风景秀美之地。总体来说，佛寺的主体部分包括：佛殿，主要供僧尼和信徒进行宗教活动，如大雄宝殿；佛塔，主要供埋藏佛骨舍利，可以通俗地理解为高僧们的坟场。其他辅助性建筑有厨房、住舍、讲经堂、藏经楼、斋堂等。著名佛寺有山西省的南禅寺。

天竺

　　天竺是中国古时对整个印度次大陆上国家的概称，并不是专指今天的印度，还包括尼泊尔等。初时称其为身毒，唐初改称天竺，玄奘取经归国后才称其为印度。

寺

寺，初时指宫廷侍卫，《说文解字》解释为"廷也"，后用来指代官署，如鸿胪寺（古时招待外国使节的场所）、大理寺（中央审理部门），再后来"寺"与"庙"配合使用指代佛寺。

浮屠

浮屠是梵语的音译，又有译为"佛图"、"浮图"的，指释迦牟尼。后人因此将佛教僧尼也称为浮屠，再后来又用其指代佛塔，所以才会有"救人一命胜造七级浮屠"之语。

佛寺

佛寺

佛　塔

佛塔又称"浮屠"、"曲登"、"宝塔"等。这种建筑样式起源于古印度，主要用来埋藏高僧的舍利，还可供信徒纪念朝拜，收藏佛经、佛像。佛塔主要由基、身、刹三部分组成。塔身多是由下至上逐屋递缩，形状有圆形、方形、六角形和八角形等。在佛教传入中国之前，中国没有"塔"式建筑和与之相应的文字。公元1世纪（东汉）佛教传入中原，虽然这时已经有了"塔"式建筑，并且佛塔很快在全国风行起来，但相应的文字还没有创造出来，常称佛塔为"坟"、"冢"，因为这些建筑初期形状多为半圆形，类似坟冢。隋唐时期，印度佛塔与中国的木质楼阁建筑样式融合在一起，形成了楼阁式的木质佛塔建筑。

佛塔有石质和砖质的，但主要以石材为主，且以密檐式塔为主。东汉

佛塔

末年和三国时期，佛塔的风格是雄伟和富丽。南北朝隋唐以后，佛塔的风格是高大、威严。著名佛塔建筑有塔尔寺的善逝八塔、布达拉宫的如来八塔。

塔

塔，形声字，从土从荅，土表形，分层，下大上小，顶呈尖状，荅表音。从东汉时期佛教传入开始造字，中间经过晋、南朝宋齐梁陈等朝，至隋唐才终于造成此字。

东汉

东汉，开国皇帝是光武帝刘秀，至汉献帝共有196年历史，又称"后汉"。《后汉书》记载的就是东汉历史，东汉时呈现出中央集权加强、地方氏族强大的局面。

塔尔寺

塔尔寺，又名"塔儿寺"，因寺内有一座大银塔而得名，位于青海西宁市湟中县鲁沙尔镇，是藏传佛教黄教教派的主要寺院之一。其建于1379年，以大金瓦殿和小金瓦殿为主要建筑。

佛塔

石　窟

　　石窟，起源于古代印度，主要供僧侣隐世修行之用。佛教传入中国初期，开凿的石窟多仿从古印度。这种石窟主要集中于黄河流域。北魏是石窟建设的高峰时期，唐代继承了这种发展趋势，唐以后开始衰落。中国古人开凿的石窟与佛教有着十分密切的关系，此类石窟多是临崖开凿出来的石洞。为保护石窟，人们又在窟外加设木质建筑。中国古代石窟壁画和雕塑最早是从新疆开始的。此地石窟以小乘佛教为中心内容，然后传播到甘肃等地。此后内容开始向大乘佛教转变，再后是山西、河南等中原地区，呈现出由西向东的发展态势。

　　石窟内部以壁画（如飞天、佛本生故事）、雕塑（如佛像、捐资人像等）为中心内容，附属建筑有前廊、檐等。虽然中国古代石窟建筑以画、像为主，但亦有用来藏经者，如敦煌莫高窟就有藏经洞，并由此形成敦煌学。主要石窟有敦煌莫高窟、龙门石窟、云冈石窟、麦积山石窟四大名窟，此外还有千佛寺石窟、大佛寺石窟、天佛寺石窟等。现存石窟为魏至唐宋时开凿的。

北魏

　　北魏，由拓跋鲜卑氏建立，也称"拓跋魏"，因孝文帝改革时拓跋鲜卑氏改"元"为氏，所以又称北魏为"元魏"。北魏初称代国。

龙门石窟

石窟

小乘佛教

　　小乘佛教，又称"上座部佛教"、"南传佛教"，本无此名，后为与大乘区别才叫这个名称。"乘"指运载工具，比喻佛法济度众生，像舟、车能载人由此达彼一样。

大乘佛教

　　大乘佛教，又称"北传佛教"，意指大的解脱途径。此派讲求普度众生、顿悟，与小乘解脱相反。大乘讲求成佛，如放下屠刀立地成佛。主要佛经有《华严经》、《佛说阿弥陀经》等。

隋唐建筑

隋唐时期是中国建筑的大发展时期。隋朝统一全国后结束了长久的分裂局面，而这时候的建筑在吸收南北朝（特别是南朝）建筑优点的基础之上，开始修建城市建筑，如长安和洛阳，使南朝先进的建筑技术、理念和北方建筑技术、理念完全地融合为一体。这一时期的建筑风格是整齐宏大、豪放明朗，特点是规划详细。

唐初鉴于隋亡的教训，这一时期的建筑风格偏于严谨保守，工程进展缓慢，在隋修建长安的基础上加盖城楼这样一项小型工程竟进行了30多年，直到654年才完工。盛唐以后，建筑风格发

佛光寺

生了明显的变化，逐渐趋向规模宏大、中西合璧，如唐高宗在长安扩建的大明宫竟比现存的紫禁城大4倍多、武则天修建的洛阳明堂高达86米。随着唐代疆域的扩大和对外交往的增加，中亚、西亚，甚至东南欧的文化开始对建筑产生影响，主要表现在建筑物装饰方面，如图案、雕塑、色彩等，在建筑样式和技术等方面的影响较小。现存唐朝代表建筑为五台山佛光寺大殿。唐时建筑类书籍有《营缮令》。

长安

长安，名取长治久安之意，历史上有多个政权建都于此。其与雅典、开罗、罗马并列为世界四大文明古都，西周时称沣镐，汉时称长安，隋时曾称大兴，唐时称长安，现在称西安。

紫禁城

紫禁城，现称为"故宫"，是明清两朝皇城，因与紫微垣星相对应而得名，兴建于明朱棣时期，1420年完工，位于北京市中心。明时紫禁城有两座，分别位于南京和北京。

佛光寺大殿

佛光寺大殿，木结构建筑，修建于857年。其外部屋顶为舒朗的曲线，有比较深远的出檐、鸱吻和叠瓦脊，内部以柱子、梁、斗拱为主要构件，风格庄重朴实。

三朝五门

三朝五门，指三个朝堂和五个宫门，是中国古代帝王宫殿建筑的典型方式。古代皇宫多是前为宗庙、中为政堂、后为寝宫。三朝即指处理不同事务的政事堂：处理特殊事务的叫大朝，处理重大事务的叫常朝，处理日常事务的叫日朝。各朝各代对三朝五门的称谓不尽相同。《礼记》中，三朝指外朝、内朝和燕朝，五门分别指有双观的雉门、库厩的库门、治朝的应门、分割燕朝和寝的路门、最外的宫门——皋门。战国以后三朝五门制一度荒置，隋朝才重新恢复。唐时，三朝分称大朝（奉天门）、常朝（太极殿）、内朝（两仪殿），与《礼记》的记载基本相同；五门分指太极、朱明、两仪、承天、甘露等门。宋时，三朝分指大朝、常参、朔望参（指定期朝会）。元朝没有此制，明朝南京、北京宫殿都沿用此制，三朝之殿为奉天殿、华盖殿、谨身殿，五门分别为洪武、奉天、承天、端、午等门。清朝三朝之殿为太和、中和、保和三殿，五门分指太清门、太和门、天安门、端门、午门。

燕

燕，古时与"宴"同，指宴饮，就是在一起聚会喝酒吃饭。这时"燕"的古代繁体字写作"醼"，所以古书中有时会将"游宴"（游玩宴饮）写作"游醼"。

午门

朔望

朔望，朔在时间上对应农历的每月初一，此时月亮处于太阳和地球中间，暗面对着地球；望在时间上对应农历每月十五或十六，此时地球处在月亮和太阳的中间，月亮明面对着地球。

明朝南京、北京宫殿

明朝初年朱元璋建都南京，修建紫禁城，建文帝登位后燕王朱棣发起靖难之役，打败建文帝后迁都北京，仿南京布局另立新都，建起第二座紫禁城。

大 明 宫

唐大明宫遗址

  大明宫，原名"永安宫"，位于长安东北，是唐代的皇城、政治中心和最宏伟的建筑之一，使用时间长达300余年，初建于634年，662年由唐高宗扩建，896年毁于藩镇割据的战乱之中。大明宫总体面积达到3.2平方公里，相当于500个足球场，是现在北京故宫的4倍，与其相配的街道就宽达176米。

  其东、西、北三个方向上有夹城，呈"∩"形环卫，东面有城门左银台门，西面有城门右银台门和九仙门，北面有城门玄武门、银汉门、青霄门、重玄门，南面有三道城墙环卫，对应的门为丹凤门、望仙门、建福门。丹凤门有5个门道，在规模上比现存的天安门还要大。皇宫建筑群分为前朝和内廷，前朝为商议政事的场所，内廷为皇帝及后宫嫔妃居住用的寝宫和宴饮游玩之地。宫内的玄武殿、宣政殿、含元殿等沿着南北中轴线分布，轴线两侧还各有一条东西向的纵街。大明宫的正殿是含元殿。宫城北门夹城内设有"北衙"作为禁军指挥部门，宫城外东、西两侧都驻有禁军拱卫。

藩镇割据

唐代藩镇割据的经济根源在于均田制的破坏，经济来源和兵源的匮乏使地方大于中央；政治根源是统治者耽于享乐，杨国忠等大臣弄权；军事根源是地方军力大于中央。

丹凤门

丹凤门，曾改名"明凤门"，后恢复原名，是大明宫的正南门。其遗址位于今陕西西安自强东路和二马路间，共有5个门道，东西75米，南北33米，由墩台、门道、隔墙三部分组成。

含元殿

含元殿是大明宫的正殿和外朝活动场所，与南面的丹凤门相对，距离不足600米，由主殿和两侧的翔鸾阁、栖凤楼组成，整体呈凹形。古人有诗赞道："千官望长安，万国拜含元。"

乾　　陵

　　乾陵，被称为"天下第一陵"，名称源于墓碑名"唐高宗乾陵"，但原碑已毁，现在的石碑为清代重立。乾陵始建于684年，修建了23年方告完工，为唐代皇陵，位于陕西咸阳乾县梁山北峰。梁山墓主人是唐朝皇帝李治和皇后武则天。此墓的最大特殊性在于武则天曾经自立为皇帝，所以有一种观点认为乾陵既是一座夫妻合葬墓，也是一座"二皇"墓。

　　乾陵工程浩大、气势雄壮。其总体是依照长安城所建，陵内有内外两道宫墙、四个宫门——东青龙门、西白虎门、南朱雀门、北玄武门，中间是殿堂等建筑群，面积共达240万平方米。陵外主要有537级的司马道、"唐高宗乾陵"石碑、华表、翼马、鸵鸟、石马、王宾像、石狮等。乾陵有陪葬墓17个，即太子墓2个、王墓3个、公主墓4个、功臣墓8个。从乾陵开始，陵前石刻的使用才有了定制。这种规定为历代封建王朝所沿用，一直持续到清代。目前只挖掘了5个陪葬墓，出土文物有《马球图》、《仪仗图》、《观鸟捕蝉图》、《客使图》等。

李治

　　李治（628—683），字为善，649年即位，是为唐高宗。他休战养民，开启了"永徽之治"，晚期由皇后武则天掌权，驾崩后谥号天皇大帝。

乾陵七节碑

武则天

　　武则天，是中国历史上唯一的正统女皇帝，690年改国号为周，史称"武周"，定都洛阳。705年神龙政变中其宣布去除帝号，请求以皇后身份入葬乾陵。

马球

　　马球，在中国古代被称为"击球"或"击鞠"，是由波斯传入唐朝的，所以唐时又称马球为"波罗球"。其盛行于唐宋元，衰落于清。

营缮令

唐代建筑大雁塔

《营缮令》是由唐人编辑、政府发行的建筑书籍。它将公共建设中的机构、相关责任、管理方法制成具有法律制度性质的规范条例，从而起到了规范施工、预算、进度等的作用。在中国传统观念中，营缮一职虽官从三品，但却不受重视，因为没有建立起专门的记录文献，史书中对营缮方面的记载十分稀少。唐时由于经常修建规模宏大的土木工程，所以经常出现各种工程问题，为了加强管理于是编纂了《营缮令》。

《营缮令》在《唐六典》卷六《开元前令》中排在第二十五篇，在明抄本天一阁《天圣令》中位置保持不变，此后在历代所修的令中，《营缮令》的位置开始发生变化。后人从《营缮令》中分离，另立新令——《河防令》。可以说唐代的《营缮令》对宋、元等朝产生了深远的影响，小的方面在于篇目的建立、篇次位序的安排，大的方面在于将公共工程规范纳入法律制度当中，建立起了法律构架。现存的《营缮令》见于明代手抄的天一阁本《天圣令》卷二十八。

《唐六典》

《唐六典》，全名《大唐六典》，是由唐朝政府发布的行政法典，成书于738年，由张九龄等编纂。六典源自《周礼》。《唐六典》包括治典、事典、刑典、教典、礼典、政典，共有30卷。

开元

开元，取"开创崭新纪元"之意，是唐玄宗李隆基的年号，从713年至741年。开元年间，唐朝国力强盛，百姓安居，疆域广阔，被称为"开元盛世"。

天一阁

天一阁是现存最早的明代私人藏书楼，总面积达2.6万平方米，于1561年由范钦修建，建成于1566年，位于今浙江宁波天一街，因藏书丰富有"风雨天一阁，藏尽天下书"之说。

宋辽金元建筑

　　宋代虽然结束了五代十国的分裂局面，但在疆域和国力上远不及唐朝，先是北宋与辽对峙，其次是金灭北宋从而形成金与南宋对峙的局面，再次是南宋与蒙古联合灭金又因此形成元和南宋对峙的态势，最后元灭南宋、大理等一统天下。宋时这种分裂对峙的局面使得建筑在风格上产生了南北差异，虽然都有精细繁美的特点，但总体来讲地方特色较为突出。北宋城市建筑制度化，宫殿规模较小，陵墓仿照唐代，佛寺砖塔兴盛，木结构建筑以精巧复杂为特色，规模上远小于唐。南宋石质建筑开始增多，木结构建筑典雅简洁，主要是厅堂型构架。辽的京城有五座，墓、塔（多为白色或浅黄）、佛寺建筑较多，多仿唐风。金朝在宫殿建筑方面奠定了元明二朝的风格，寺院、壁画遗存较多，喜用大额承重梁架。元代建筑与宋辽金不太相同，国家的大一统带来了建筑上的大融合，这不仅表现在中国本土，随着蒙古在西征中不断取胜，还表现在中亚、西亚建筑元素的涌入与融合。此时的相关著作有《木经》、《营造法式》。

南宋与蒙古联合灭金

　　成吉思汗统一蒙古各部后，为摆脱金朝的控制于是对其宣战。他制定了联合南宋夹攻金朝的策略，但南宋的软弱战斗力反而引来蒙古灭金后的侵略野心。

辽代建筑镇经塔

大理

唐时大理地区出现六诏，南诏在唐的支持下建立起政权。南诏亡后，节度使段思平于此建立大理国，受宋封赐。1253年蒙古从青藏南攻大理，俘虏其国王段兴智，大理国亡。

蒙古西征

蒙古西征有三次，发生在1219年至1260年间，第一次由成吉思汗发起，第二次由拔都发起，第三次由旭烈兀发起，足迹远至波兰等地。他们不仅在西征中掠夺了大量财富，也很有效地转移了内部矛盾。

营造法式

　　《营造法式》，初名《元祐法式》，作者是李诫，编于1068年，刊行于1103年，是一部由官方下令编著、发行的建筑技术书籍，内容包括设计标准、施工材料、进展额度、规范等级等。《营造法式》共有34卷、357篇文章、3555条文献，分为目录、看样、解释名称、制度、功限、用料比例、图样等。

　　北宋时期虽然建筑规模不及唐朝，但总体工程量仍然十分浩大，由于缺乏统一的管理和明确的规章制度，负责工程的官吏逐渐贪污成风，对国家的财政收支造成了影响。为了杜绝官吏贪污，政府将制定建筑章程提上了日程。经过20多年的编写，此书于1091年编成，名为《元祐法式》。但此书仍不能有效杜绝贪污，于是政府又于1097年下令重编此书。李诫以实际建筑经验为基础，在参考两浙工匠喻皓《木经》的基础上，又杂用其他旧的规章制度，经过6年的时间于1103年编成

《营造法式》

此书。这就是流传至今的《营造法式》，目前使用的完整版本是民国时期的丁氏抄本。

李诫

李诫（1035—1110），字明仲，今河南人，官至将作监，北宋著名的建筑专家，亦擅长书画。著作有《营造法式》、《琵琶录》、《六博》、《续山海经》等。

《木经》

《木经》，作者喻皓，是宋朝初年一本建筑类书籍，主要内容是讲述营房造房。因中国传统房屋多是使用木结构，所以将"营舍之法，谓之《木经》"。此书共有三卷，目前已失传。

丁氏抄本

丁氏，即指丁丙，字嘉鱼，号松生，清代末期人，喜爱藏书，所藏图书近20万卷，其"八千卷楼"跻身晚清四大藏书楼之列。其著有《善本室藏书志》。《营造法式》的崇宁二年（1103年）刊行本已失传，1919年朱启钤发现丁氏抄本完整无缺，遂行于世。

宋木构建筑

北宋木结构建筑以精巧复杂、多样繁复为特色，大型代表性建筑有晋祠圣母殿、隆兴寺摩尼殿等，小型代表性物件有门窗、勾栏、藻井等。北宋时的室内家具以高作式家具为主流，辅助性的琉璃、彩绘、木刻呈增多、繁复、华美的发展趋势。木构建筑在这时已经成为一个极其专业的行业。南宋木结构建筑典雅简洁，主要使用厅堂型构架，即用横向的垂直屋架营造房屋，屋架由柱梁组成，屋架间用襻间等联结。这种构架适合南方营造小型低层房屋，不用铺作的"柱梁作"是较为广泛使用的营造方法。

宋代木构建筑技术主要有：脊槫、承椽方、四椽伏、中平槫、合楷、屋内额、由额、叉手、八椽伏、十椽伏、六椽伏、下平槫、牛脊槫、月梁、上平槫、托脚、殿身内柱、顺伏串、压槽方、飞子、撩澹方、檐椽、遮椽板、平梁、乳伏、平棋方、顺脊串、柱头铺作、拱眼壁、阑额、补间铺作、门额、副阶檐柱、劄牵、殿身檐柱、平暗、照壁板、地伏、燕颔板等。

铺作

狭义的铺作指"斗拱"，广义的铺作指包括斗拱在内的整个层面。在唐宋建筑中，由斗拱组成的铺作层对建筑物起着至关重要的作用。其指斗拱类型时，有四、五……九等铺作。

圣母殿

　　圣母殿，是晋祠的重要建筑物。圣母殿修建于北宋，后又经过多次重修，建造时使用了"减柱法"，是"副阶周匝"的典范。殿中圣母是周武王之妻、周成王之母邑姜。

摩尼殿

　　摩尼殿，是河北隆兴寺内的重要建筑。此殿高约35米，屋顶为重檐歇山顶，檐柱粗大，是中国古代早期建筑中的典范。殿内五尊金装塑像可谓是艺术瑰宝，墙上的佛教壁画也极具特色。

晋祠圣母殿

殿　　堂

殿堂，主要是指佛教寺院中两种重要的房屋建筑，其中"殿"的主要功用是供奉佛像、朝拜求福等，"堂"的功用相对比较丰富，既可供祖师像，也可供修道讲经之用。

以安置对象的种类划分，供奉佛像、菩萨像的房屋被称为殿，多以供奉佛像的人物名称为殿名，如药师殿、观音殿、弥勒殿等。一般寺院都有大雄宝殿。摆放遗骨舍利的房屋被称为舍利殿。摆放佛经的房屋被称为转轮藏殿。安放祖师像的房屋被称为祖师堂、开山堂等。

堂以日常功用划分，集会讲经的房屋被称为禅堂、讲堂、忏

药师殿

堂等，吃饭的房屋被称为斋堂，待客的房屋被称为客堂、茶堂，养老的房屋被称为延寿堂，居住的房屋被称为寝堂。

在建筑中，"堂"先出现，外为堂内为室，堂的左右有序、夹，是一种组合型建筑。"殿"出现得比堂晚，在建筑规模上比堂高且大，外部雄伟内部宽亮。二者都由台阶、屋身、屋顶组成，但殿除阶外还有陛，殿门于中心位置或中轴线上，殿结构复杂、尺度巨大，而堂在侧边，大小也较为适中。

药师殿

药师殿，又称"药王殿"，供奉药师佛。药师佛的两侧为日光菩萨和月光菩萨，三者合称"东方三圣"。大多数的佛教寺院都建有药师殿，有的地方还以植物等命名，如昆明称其为"茶花殿"。

观音

观音，即观音菩萨，取观世间疾苦声音之意，男身女面，四大菩萨之一。其虽与阿弥陀佛、大势至菩萨合称"西方三圣"，却有自己独立的佛殿，多称观音殿、圆通殿、大士殿。

开山堂

开山堂，即供奉初创本寺祖师的屋堂，又称为祖师堂、影堂等，常与伽蓝堂分居佛殿的西、东两侧。最初之时堂中只供奉祖师雕像，后来将历代住持的牌位也放到此堂当中，以供缅怀。

厅　　堂

厅堂，指客厅，是接待宾客和聚会宴饮的房屋，《魏书》中有语"兄弟旦则聚于厅堂，终日相对"。厅堂多为宽敞明亮的房屋。古时厅堂并不是一间单独的房屋，较规范的包括三部分：前厅是接待普通宾客的地方；正厅又叫中厅，主要用来接待关系亲近的宾客；后厅用于接待关系极为亲近的宾客或是供家人使用。有的厅堂只分为前厅后厅、正厅后厅或前厅正厅两部分。

厅堂按《营造法式》中的标准划分属于大木作三大类建筑中的一种，建筑规模仅次于殿堂。厅堂的内柱起着十分重要的作用。厅堂的空间都靠随檩生起的内柱构造，铺作只起调节和联结的作用。厅堂在建设中可以通过改变梁柱形势调节屋内柱的数量，可以根据需要营造空间大小和光线亮度。厅堂屋面下的结构可以分为三种造法：第一种方法是在柱头上面使用拱来承接横梁、檐枋；第二种方法是在柱头上面使用斗拱直接承接纵架；第三种方法是在柱头上面使用斗拱承接连通在一起的数个纵架。厅堂多建在纵轴线上，是主要建筑之一。

《魏书》

《魏书》，作者魏收，北齐时奉命编成，是纪传体断代史，是正史中第一部记载少数民族政权的历史著作，共124卷，有本纪、列传、志三种，后又分为130卷。

厅堂

旦

　　旦，指事字，"日"表太阳、"一"表地平线或大地，合在一起指太阳刚从地平线上升起，本义指"天刚亮的时候"，多用来指代"早晨"，后用来指代一天时间，也可指代戏剧角色。

小木作

　　小木作，清时称为"装修作"，包括栏杆、楼梯等42种，指中国古代木构架建筑中不承重部分的制作与安装。与小木作相对，大木作是指柱、梁等木构架建筑中承重部分的制作与安装。

余 屋

　　余屋，是指大木作中殿堂、厅堂余外的，居次要地位的房屋
建筑。《营造法式》将大木作式建筑分为三类：殿堂、厅堂、余
屋，其中殿堂的建筑标准是最高的，厅堂次于殿堂，余屋次于厅
堂，是最小的，并通过详细规定三类大木作建筑的各种构件材份

来将这种差别式建筑标
准在全国实行。各类房
屋的间数和建筑等级标
准也有着较为密切的联
系，标准高的殿堂和厅
堂所属房屋间数在《营
造法式》中有相对明确
的规定，如殿堂多则13
间、少则3间，厅堂多则
7间、少则3间，而标准
低的余屋则没有明确规
定。余屋所属房屋数量
主要是根据需要随意决
定。建筑标准的等级差
别还表现在制作工艺的
繁简上，殿堂可达四至
八铺作，厅堂可用斗口

余屋

跳至六铺作，余屋只用柱梁作或斗口跳类简单斗拱。决定房屋立面的主要因素是房屋间数和房屋高度，所以余屋与前二者是总体上的差距。

柱

柱，指用来支承上部结构并将荷载传达给地上基础的竖直杆类建筑物。中国古代使用的屋柱多为木质，形状上以圆柱为多，也有方柱、十字柱等，可用一根木材独造，也可用几根合造。

柱梁作

柱梁作，是指在厅堂或是余屋等大木作建筑中不使用铺作，只用柱和梁进行建构的建造工艺，方法是调整柱和梁在竖、纵、横三个方向上的位置进行构建。代表建筑有奉国寺大殿。

斗口跳

斗口跳，即斗拱出跳的简单形式，是斗拱中加工工序较少的一种。《营造法式》中规定其可用泥道拱、华拱头、交互斗等各一，散斗等二，方桁、撩檐方等各二，槽内不出跳。

宋代雕刻

宋代的雕刻进一步世俗化，主要表现在创作上更加写实，并出现了众多反映社会现实生活的作品。在宋代，佛、道二教的雕刻较为兴盛，且占有极为重要的地位，是世俗化的先锋和代表，甚至出现了佛道统一的雕刻作品。佛教石窟摩崖雕像集中于西南和陕北，其中罗汉像最为出色。佛教寺庙雕像比摩崖雕像更具代表性。此类雕像主要为泥、木材质，比较有名的如山东灵岩寺、山西双林寺、太湖紫金庵、江苏保圣寺等。道教石窟雕像集中于四川等地，道教宫观雕像主要集中于南方福建泉州、江苏苏州等地。北方以山西太原为代表的晋祠圣殿中有泥塑群。

北宋的陵墓雕刻是有宋一代的代表，最为有名的是河南北宋八陵。宋代墓外雕刻题材有石兽、石马、石虎、文臣武将、外国客使、华表等，呈现出布局严谨、注重整体的风格特点。墓内出土的最具特色的是俑，石、木、金属、陶瓷等材质的俑一应俱全，其中瓷俑呈现出写实、捏塑、个性突出、形象丰富等风格特点。

庵

佛教中出家的修行者男性称"比丘"（和尚）、女性称"比丘尼"（尼姑），女性出家为尼后大多要剃发修行，也有带发修行的，但数量极少，多为俗家弟子，自立佛庙，称之为庵。

瓷

宋代是中国古代陶瓷发展的极盛时期，有六大窑系：定窑系、钧窑系、龙泉青瓷系、景德镇青白瓷系、耀州窑系、磁州窑系。胎质上北方窑系以灰色为主，南方窑系以白色为主。

俑

俑，多指古代墓葬中用来陪葬的偶人，从材质上分为木质俑、陶质俑、金属俑、石刻俑等。这些俑大者如真人般大小，中等者可高至半人，小者只有手掌大小，目前以秦始皇陵兵马俑为代表。

元代《梓人遗制》

　　"梓人"就是"木匠"。《梓人遗制》是于元代写成的一部关于木质机械制造的著作，是目前发现的唯一一部由木匠独立完成的专著，在中国古代纺织史上占有重要的地位。现在遗存的是残本，作者是薛景石。《梓人遗制》主要讲述了四类木制织机的形制和尺寸。这四种织机为：华机子（提花机）、布卧机子（纺织丝麻的织机）、罗机子（纺织纱罗的织机）、立机子（立织机）。

　　本书前有元初文学家段成己作的序。正文分为两部分，一讲五明坐车子，一讲织机，先是分类介绍，每类先追述发展历史，

木质机械

然后再讲物（同时描述部件），配以图片并于图上标明尺寸。每物自成一条，全书共有110条、6400多字、34幅图片。《梓人遗制》元时只有孤本，多是手工抄写，流传不广。明初编纂《永乐大典》时将其收入，现在《永乐大典》中只保存了其两部分内容：一是车辇，有圈辇、靠背辇、屏风辇、亭子车四种；二是纺车，除上文提到的四种纺织机外，还有泛床子、掉篗、经牌子等三种工具。

遗制

　　在此文中，"遗"指遗留，由前代或前人传给后世，"制"指器物的规定、尺度、式样，所以《梓人遗制》是指"由木匠收集整理的关于织机制造的标准、尺度及制造方法"。

薛景石

　　薛景石，字叔矩，今山西人，生活于宋末元初，出身于木工匠师世家，是元代杰出的机械设计家、机械制造专家，具体生卒年和事迹不详，著作有《梓人遗制》。

段成己

　　段成己，字诚之，号菊轩，绛州稷山（今属山西）人，文学家。金正大进士，官宜阳主簿。入元不仕，与兄避地龙门山。能诗词。后人汇集其兄弟诗词为《二妙集》。

明清建筑

　　明清是中国封建制度走向巅峰和开始衰落的时期，是传统建筑发展的最后高峰，建筑呈现出简洁洗练、严谨沉稳、注重细节、繁复细琐的风格。与前代相比较，明清时期建筑的主要变化为：建筑组群多采用院落重叠，将纵向和横向扩展完美地整合在一起，以封闭式空间突出主体建筑，典型代表为北京故宫。单体建筑有复古的倾向，官式建筑已经明确标准化和制度化，斗拱缩小、出檐较浅、柱子细长、梁枋沉重，不再使用卷杀、生起、侧脚等工艺，屋顶上的柔和线条从此消失。城市建筑方面，省城、府城、州城、县城按级别各有建制，城墙的高低宽窄、门楼垛口的方位数量规定得都十分详细。随着制砖技术的发展，明清房屋和城墙等开始大量使用砖石，并出现了大型的砖建"无梁殿"。民间建筑得到充分发展，具有很强的地方特色，如北京四合院、南方一颗印。城市中的佛寺建筑、新式官式建筑、乡村中的佛寺建筑整齐中又有变化。明代有《园冶》、清代有《工程做法则例》等关于建筑方面的书籍。

明封建制度

　　明朝政治上废除宰相，皇帝集大权于一身，内阁和六部等部门权力较小，监察上建立东西厂、锦衣卫等特务机构，军事上扩充禁军，实行卫所制，经济上土地高度集中。

无梁殿

清封建制度

　　清朝任用官吏时虽然"满汉参用"，但实质是"首崇满洲"，军事上建立军机处，实行八旗制，文化上通过编修《四库全书》、科举、文字狱进行控制，经济上重农抑商。

《园冶》

　　《园冶》是明朝末年一部关于传统园林建造和理论的著作，共三卷，有图235幅，作者计成。正文分为两部分：园说，分为十篇；兴造论，内容涉及宅园和别墅。

北京故宫

　　北京故宫，又称"紫禁城"，现为"故宫博物院"，是明清两朝的皇城，位于今北京市中心，因与紫微垣星相对应而得名。故宫兴建于明朱棣时期，1420年完工，清朝在明代的基础上又进行了整修和扩建。它是当今世界上最大的古代砖木结构建筑群，与凡尔赛宫、白金汉宫、白宫、克里姆林宫并称五大名宫。

　　北京故宫整体建筑坐北朝南，为中轴对称，宫外的华表是施工前用来确定方位的，四边有城墙，城墙高10米，城外有护城河，河宽52米，城上四角各有角楼一座，东、南、西、北各有一门，正南门是故宫的正门，名为"午门"。内部建筑群分为前朝和内廷两部分，二者以乾清门为界，以南是外朝，以北是内廷。外朝以太和殿（即金銮殿）、中和殿、保和殿为主体建筑，其中太和殿是君臣

故宫

朝会之所。内廷以乾清宫、交泰殿、坤宁宫及御花园为主体建筑，是皇室居住休息之所。故宫总建筑面积达15万平方米，有屋宇近9000间。

明清两朝的更替

明、清两朝之间虽有战争，但政权之间的更迭却不是以直接交战实现的，先是李自成领导的农民起义军灭明朝，随后清朝联合吴三桂打败了李自成和南明小朝廷，统一全国。

北京故宫的设计者

北京故宫的设计者是蒯祥，字廷瑞，今苏州人，又被称为"蒯鲁班"，明代著名建筑专家，官至工部侍郎。他还主持建造了裕陵、隆福寺等，绘有《明宫城图》。

太和殿

太和殿，明代时名为奉天殿，1562年改称皇极殿，1645年改为太和殿，经过多次重建。因是皇帝办公、商议国事的场所，所以又被称作"金銮殿"。

苑囿、离宫及庭院

承德避暑山庄

　　苑囿指皇室专用园林，主要功能是喂养鸟兽以供王族起居、打猎、玩乐、祭祀、朝会等，集居所和景观于一体。苑是没有围栏、开放式的园林，囿是有围栏、封闭式的园林。中国古代历史上的著名园林有晋金谷园（梓泽）、隋会通苑、明拟山园等，以及由辽、金、元、明、清五朝陆续修建而成的北海公园。

　　离宫，是指在国都皇城以外修建的帝王专用的永久性居住用宫殿。离宫的使用有相对固定的时间，并且在距离上与国都不是十分遥远，现存最有名的是承德避暑山庄，其中苑囿也属离宫范围。

庭院，简称为"庭"，指房屋等建筑物周边由围墙或栏杆圈起的场地。其是主体建筑的附属品，包括场地及场地中的亭台、楼榭、植被等。在中国传统建筑中，庭院主要是指正房前的场院，因古人常将卦象、易数、阴阳合德与庭院建筑相结合，所以中国庭院建筑外观刚烈雄美、高大宽敞，细部错彩镂金、景多景全，将阳刚与阴柔相结合，布局上院落重重，房屋高度上高低错落、富有变化。

金谷园

金谷园是晋石崇的私人园林，因金谷河而得名，别名梓泽，位于今河南洛阳孟县，"金谷春晴"为洛阳八景之一。因石崇常在园中饮酒吟诗，故有《金谷诗集》。

北海公园

北海公园，位于北京市中心，是中国及世界上现存最早的皇家园林，从辽使用到清代。其集皇家苑囿的富丽、江南私家园林的古朴、寺庙园林的庄穆于一身。

承德避暑山庄

承德避暑山庄是清代帝王在夏季避暑和处理朝政的离宫，位于今河北承德，始建于1703年，建成于乾隆时期，由皇宫、园林、寺庙组成。其与拙政园、留园、颐和园并称中国四大名园。

坛　　庙

坛庙是中国古时帝王用来祭祀祖宗先人、天地神灵、日月山川、前圣先贤的场所。根据《周礼·春官》的记载，至少在周代就已经有专门负责坛庙祭祀的官员了。坛庙一般是左祖右社，即庙宇建在左边、高坛建在右边。"坛"最初由土筑成，后来发展成为石砌，主要是用来祭祀天地、日月、山川和会盟。坛分为天坛、地坛、日坛、月坛、社坛、稷坛等，具体祭祀对象有四海、四渎、五岳、五镇。坛外呈方形，周边有高墙，四方有大门，中间建筑庙宇，为多层建筑的大型殿堂。"庙"是指用来供奉祖宗先人、前圣先贤和四方神灵的房屋，以祭祀祖先为主。庙分为家庙、祠堂、太庙、岱庙、孔庙，最有名的为曲阜孔庙。庙外呈方形，周边有低墙，四方有入口，中间建筑高坛，为多层露天建筑，一般为三层。

古代中国是一个宗法制度十分严格的社会，坛类建筑数量较少，民间多建家庙，官方多建孔庙，这种建筑倾向体现了古人尊孔祭祖的传统。

四海、四渎

四海，即四方大海，先指六蛮、七戎、八狄、九夷，后指东海、西海、南海、北海。四渎，指古代中原地区的四条主要河流，依次为长江、黄河、淮河、济水。

五岳、五镇

　　五岳，指东岳泰山、西岳华山、南岳衡山、北岳恒山、中岳嵩山。五镇，指东镇沂山、西镇吴山、南镇会稽山、北镇医巫闾山、中镇霍山。历代帝王都以封禅山岳，表示受命于天。

太庙、岱庙

　　太庙，是指封建帝王祭祀祖先用的庙宇，至少从周代开始帝王建太庙已经成为定制。岱庙，又称"东岳庙"，位于今山东泰山南麓，是古代帝王封禅祭神的道教建筑。

坛庙

天坛

81

明 长 城

明长城

明长城，又称"边墙"，是明朝在北方地区修筑的用以阻止游牧民族南下的防御性城防。其修建于14世纪，现在所遗存的长城就是明长城。明长城西起甘肃的嘉峪关，东至辽河以东的虎山，横跨10个省份，总长度为8851.8公里，城墙高为7米、宽为5米，由烟墩、烽燧、关口、城墙、壕堑、天然险、戍堡等部分组成。明朝前期就开始修缮长城，主要是在前代（北魏、北齐、隋）长城的基础上进行增高加固、连接贯通。这一阶段主要修建北京至大同段和山海关至居庸关段。这时的规模相对较小，主要原因是明朝前期军力强盛可以对北方游牧民族进行有效的军事打击。明中叶转攻为守，开始大规模修建长城，主要工程为修建延绥镇、宁夏镇、固原镇、甘肃镇、山西镇、大同镇等军事重镇。明朝后期，这时的修建重点由北转向东北，开始重点修建辽东一线以防范不断南侵的女真族，主要工程是修建孤山、宽奠六堡，整修辽东城墙，兴建空心墙台，最终形成分段防守的"九边"制。

甘肃镇

甘肃镇总兵驻今甘肃张掖，所辖边墙东起景泰县黄河岸，另有一分支起自兰州市北河岸，北到景泰县西北境会合成一线，斜向西北，最后抵达祁连山北麓而止。沿线关隘以嘉峪关最为重要。

山西镇

山西镇，又称太原镇、三关镇，也就是人们常说的外三关。此段为长城内边，作用是防止北方敌骑绕过太行山进攻北京。其与大同镇边、宣府镇边号称明代北方九边的"中三边"。

九边

九边，又称为"九镇"，明朝将长城一线分为九个防守区进行分段管理，最高长官称镇守，九镇分别为辽东镇、蓟镇、宣府镇、大同镇、山西镇、延绥镇、宁夏镇、固原镇、甘肃镇。

陵　　墓

　　"陵"为大土山、高大的土坟，所以"陵墓"即大型坟墓，在中国古代专指帝王的坟墓。其为中国传统建筑中的一个重要门类。古代中国人崇尚土葬，这一习俗可以追溯至新石器时代。进入奴隶社会，随着阶级的出现，贵族墓穴中开始出现随葬品，如车、马、奴隶等。这时的墓多是建于地上，地面上不起土丘，不作标记，进入战国时期开始起土作坟丘。秦始皇陵所起的坟丘与小山无异。汉从秦制，又有所发展，多在墓边修建城邑。唐代是古代陵墓建设的一个高潮阶段，开始依山筑陵，并于陵园内修建供祭祀的"上宫"，于陵园外修建供斋戒的"下宫"。陵内有随葬墓，陵外排列石像。宋代陵墓建设相对唐代规模较小，元代遵从祖制葬于大漠不起丘。明代是古代陵墓建设的第二个高潮阶段，主要陵墓有江苏南京的明孝陵、北京天寿山的"明十三陵"。陵墓依山而建，外配明楼、祾恩殿等组成的建筑群。陵前置碑亭、石坊等。清代陵墓分东陵（沈阳）、西陵（河北），在建筑样式上基本仿从明朝。

土葬

　　土葬是众多丧葬形式中的一种，即中国古人所说的入土为安。此外，还有水葬、火葬、天葬。

明十三陵

随葬品

在没有阶级和财富等级的原始社会，人们平均分配财产，所以当时的墓葬中很少有随葬品。进入阶级社会后，富人墓中开始出现陶器、玉石、金银等随葬品。

明十三陵

明十三陵，指长陵、献陵、景陵、裕陵、茂陵、泰陵、康陵、永陵、昭陵、定陵、庆陵、德陵、思陵。明朝有十六位皇帝，其中朱元璋葬于南京明孝陵，朱祁钰葬于玉泉山，建文帝下落不明。

寺　庙

　　寺庙，现在多用来指代宗教性质的建筑。

　　秦汉时期，"寺"多用来指代政府机关及其附属建筑，如大理寺等。汉时，佛教传入中原，古人开始将佛教建筑称作"寺"，如白马寺。从汉至宋，"寺"只是佛教建筑众多名称中的一种，此外还有浮屠祠、伽蓝等名称。蒙古语将寺称为"召"，如五当召；藏语将其称为宫，如布达拉宫。至明清，"寺"作为佛教建筑的专有名词才被确立下来。

　　汉时，道教建筑被称为"治"、"庐"、"静宝"等。南北朝时，道教建筑被称为"仙馆"。北周晚期隋朝初年，道教建

文庙

筑被称为"观"，此是因道教擅长观星望气而得名。唐朝皇室姓李，自认与道教祖师李耳为一脉，所以道教建筑可以与皇室建筑同名，开始称"宫"。此外，人们还称道教建筑为"院"、"祠"，如文殊院、碧霞祠等。

儒教建筑称"庙"、"宫"，如孔庙、文庙、雍和宫等。民间祭祖宗、先贤的建筑称"庙"、"祠"。伊斯兰教建筑称"寺"、天主教建筑称"教堂"。

藏传佛教

藏传佛教，又称"藏语系佛教"、"喇嘛教"，属大乘佛教。其与南传佛教、汉传佛教并称为佛教的三大体系。藏传佛教本身又细分为密教和显教，流行于青海、西藏、内蒙古等地区。

伊斯兰教

伊斯兰教，又称"大食教"、"清真教"、"回教"等，与基督教、佛教并称为世界三大宗教。教众占世界人口的近1/4，约于元朝时大规模传入中国，主要流行于甘肃、宁夏等地区。

天主教

天主教，又称"公教"，意为"普遍的、通用的、公众的宗教"，是基督教的主要教派之一。教众约占世界人口的1/5。

桥　梁

吊桥

　　桥梁，是指架设在江河湖泽上或空中以供行人、车辆等通行的建筑物，材质上分木质和石质两种，现在所存多为石桥。桥梁的上部结构由桥面部分和承重部分组成；下部结构由基础、桥墩、桥台等组成；附属结构包括导流工程、护岸护坡、搭板等。桥柱的主要功能是支撑梁和桥板以完成桥的空间跨越。

　　中国古时的桥可以分成梁桥、拱桥和吊桥三大类，其中梁桥又称"平桥"，出现的时间最早，因建造起来比较容易所以应用得也最为广泛。原始社会时就有独木桥和木梁桥，战国时发展为单跨和多跨两种，较有名者为宋时的洛阳桥。拱桥，又名"曲桥"，于东汉中晚期开始出现，主要承重构件呈弯曲状，称为"拱"。其与梁桥和墓拱等有一定的渊源，较有名者为河北赵州桥。吊桥又称"悬索桥"，索多为铁质，主要受力部件为悬索，多建于护城河上或山区，由悬索、桥面、桥塔等组成，较有名者为九华山吊桥。唐时《开天传信记》就记载了桥梁方面的一些知识。

梁桥

梁桥，指主梁为实腹梁或桁架梁的桥梁，可细分为悬臂桥、连续桥、简支桥三种。目前文献中记载的最早的梁桥建于春秋晋平公时，为木柱木梁桥，建于山西。

拱桥

拱桥，指以拱作为主要承重构件的桥，因下方有"拱"，所以桥面呈向上"凸"状。拱有半圆形、椭圆形、蛋形、尖状等形状。拱桥可分为单孔桥和多孔桥两种，多为石质，佳者用汉白玉。

《开天传信记》

《开天传信记》，作者为唐代的郑綮。该书搜集传说故事、奇闻异传等方面的资料32条，此外还有关于唐玄宗生活出巡、封禅泰山等方面的资料。郑綮曾官至宰相。

牌　　坊

　　牌坊作为中华文化的一个象征，历史源远流长。有人又将其称为牌楼，但二者是有区别的，如牌坊由柱和梁构成，牌楼由柱、梁、楼（斗拱、屋顶）构成。牌坊的主要功能有四：一是古时用来表彰功德、忠孝等，为封建礼教服务，宣扬三纲五常、忠君爱国等思想；二是用作山门，出现于佛教寺庙、道家宫观、儒家孔庙等建筑群中；三是用来标明地名，用于街道、官署等处；四是祭祀祖先、彰显祖德，出现于私家祠堂的附属建筑物中。

　　牌坊的起源有两种说法：一种认为起源于棂星门。汉时祭祀灵星，故建有灵星门，牌坊即由灵星门演变而来。宋改灵星为棂星，开始用祭祀棂星的礼节祭祀孔子，孔庙前多建有"棂星门"式的建筑。明清时期，牌坊又由孔庙前的建筑衍化为纯纪念性的建筑，广泛地用于表彰功德忠孝，可以说成熟于明清。另一种认为起源于"衡门"。周初至春秋时，衡门由两根木柱加一横梁组成。战国至唐时，城市居民区称坊，立有坊门，坊门有门，衡门则无。

灵星

　　灵星，又名"龙星"、"天田星"，主要掌管农事。西汉以后，在每年岁初时节，帝王都要对灵星进行祭祀，以祈求风调雨顺、五谷丰登。

祭祀孔子

西汉武帝时确立了儒家的正统地位，"祭孔"由此逐渐成为历代帝王和儒家学子的一种定制，如在民间每年冬至节时都要由先生带领学生举行祭孔仪式，官方则更为隆重。

坊

在中国古代城市中也对居民进行分区管理，每一个居民区为一"坊"，在每个坊前都立有"坊门"。坊门由两根立柱、一根横梁和两扇木门组成。

牌坊

牌坊

91

北方民居

　　北方民居，主要以山西、河北、河南、陕西、内蒙古等地为代表，具体有山西襄汾的丁村民居、河北的蔚县住宅、北京的四合院、陕西的窑洞、蒙古族的蒙古包等。山西襄汾丁村民居，主要由大车院、厅房、厨房院、场院、书房院、客房院、大门、二门等部分组成。河北蔚县住宅代表建筑有西古堡的苍竹轩和东楼房院、吴峻吴峰宅、韩许宅等。此类建筑主要以照壁、木雕、砖质垂花门、石雕、挑檐木等作装饰。北京四合院，主要由正房、厢房、倒座、大门、照壁、院墙、垂花门、游廊、后照房、耳房等组成，建造方法和过程有定向、筑基、砖作、石作、瓦作、木作、雕饰、彩绘等。陕西窑洞，种类有箍窑、靠崖窑、沟崖窑等。窑内多呈拱形，由门楼、厨窑、杂窑、井、盘炕等组成。蒙古族的蒙古包，下呈圆环形，上呈尖顶，主要由织

河北蔚县民居

物和木杖等搭成，便于拆装和迁移。此外，较著名的还有山西乔家大院、平遥古城、曹家大院，天津石家大院等。北方民居的特色是高大华丽，威严细腻，平稳自然。

正房、厢房、倒座

正房，是指在本组建筑里处于正中、坐北朝南的房子，古时主要供家中的长辈居住。相对于正房，东西两侧的房子被称为厢房，古时主要供家中晚一辈的男性居住。南边的房子称为倒座。

耳房

耳房，是指正房两边的比较低矮、狭小的房屋，因如同正房的两个耳朵而得名。耳房与正房是建设在一条横线上的，都是坐北朝南，两间的称两耳，四间的称四耳。厢房也可建耳房。

蒙古包

蒙古包，又称"穹庐"、"毡包"等，"包"指"家"，可以追溯至匈奴时期，小者能住20人，中等的可以住600人，文献记载最大的可以住2000人。蒙古包拆除后几匹马就能驮走。

北京四合院

　　"四合"是取"四合房屋"之意，即外周四边建有生活用的居所。"四合院"即四周建屋，中间为院。从元代开始，北京成为最后三个封建王朝的国都，大规模城市建设由此展开，四合院从此成为北京城市建筑中的一大特色，具体始建时间可以追溯到元世祖忽必烈时期。忽必烈定都北京时曾"诏旧城居民之过京城老，以赀高及居职者为先，乃定制以地八亩为一分"，可以说这些有钱富人及政府官吏是四合院的始建者和最初居住者。

　　四合院以北的房屋为正房，东西两侧的房屋为厢房，且呈轴对称，南侧为门，外围有高墙环绕，具有一定的防卫功能。院中可以种上植物以供观赏，此外还有倒屋和后院等。人少的家庭可以只修建一个四合院，人多的家庭可以修建两个四合院南北相连，如有需求可以三个或者四个四合院相互连通。小的四合院有房屋13间，大的四合院房屋可达到25间至40间。在四合院中，长辈住正房，正房中间为客厅，长子住东屋，次子住西屋，女性住后院，佣人住倒屋。

北京

　　北京，初名"蓟"，元朝时为其国都，称大都，蒙古语称"汗八里"，意为"大汗之居处"。明初以南京为都城，朱棣时将国都迁至北京，并以北京为名。清代入关后，亦以北京为都城。

北京四合院

忽必烈

忽必烈（1215—1294），全名为"孛儿只斤·忽必烈"，元创建者，著名政治家、军事家，庙号"世祖"。在其统治期间，蒙古社会开始从奴隶制向封建制转变。

长子

长子，准确来说应称嫡长子。古代中国是一个宗法制的社会，实行父子相承制，其中嫡长子具有很多特权，如财产继承权、祭礼祖先的权利等。在王室，嫡长子还享有继承王位的权利。

窑　　洞

　　窑洞，是指山洞土室，后发展为砖石堆砌，属于穴居式房屋中的一种，主要流行于西北黄土高原地区，有近4000多年的历史。窑洞主要有靠崖式、下沉式、箍式、沟崖式、独立式等，其中又以靠崖式为主。从材质上分，有平地石窑、土窑、砖窑、石料接口土窑等，农村以土窑为主，城市以砖石窑为主。窑洞因是靠山崖而居，所以只在正门安门窗，高处安有天窗。窑身为正方形或长方形，窑顶为圆弧形，一般横向跨度不会太大，过大则不利于承重，但可以通过增加纵深扩大窑内空间。窑洞冬暖夏凉，上弧下方（符合古人天圆地方的理念），自然节能，光线充足，是窑与院、院与村、村与山川自然的完美融合。除陕甘宁三省以外，还有新疆、山西、河南、福建（主要分布于龙岩、永宁）、广东（主要分布于梅县）等省区有窑洞。修窑洞的时候，首先挖地基，其次打窑洞，再次是扎山墙，最后安门窗、盘土炕、竖烟囱。目前中国约有4000万人口居住在窑洞中，占中国总人口的2.5%。

穴居

　　穴居是人类最早的居住形式，《周易·系辞》中有这样的记载："上古穴居而野处。"现在发现的较有名的遗址有北京周口店、山顶洞等，穴居式主要流行于原始社会初期。

天圆地方

　　天圆地方，即地呈方形齐如平镜，天如圆锅覆盖其上。古人通过观察发现一年里许多事物是呈循环式发展的，由此认为在时间和空间上宇宙是圆的，以60年为一周期，循环往复地发展。

黄土高原的形成

　　传统观点认为当风从西北等沙漠地区吹来时，石粒被留下从而形成戈壁，细的沙土被吹起带走，当风受到秦岭阻挡风力变小后黄土就落下来从而沉积成黄土高原。

窑洞

窑洞

97

陕西、晋南窄四合院

陕西四合院以陕西韩城党家村四合院为代表。党家村始建于元代，距今已有近700年历史，有保存完好的四合院125座，现在保存下来的多为明清时建造的，材质是青砖灰瓦。党家村四合院的特点：第一，总体来说在规模上比北京四合院要小；第二，党家村四合院内有楼房，北京四合院内都为平房；第三，北京四合院正房供父母居住，党家村四合院的正房用来供奉祖先和待客，长辈住在门房里。

晋南即指山西南部，山西在古代是军事重地，所以即使是民居也十分注重军事防御功能。山西四合院的特点可概括为"外雄内秀"，外围以封闭为特色，主要以灰色清水砖砌成高大的山墙，不开窗，外部的宅门做工精良，多以砖木雕和石兽等作装饰，有一种雄伟高大的气韵，内部有影壁、脊饰、风水楼等。最能体现其特色的是砖、石、木类雕刻饰品，它们常被装饰在脊端、山墙、

窄四合院

烟囱帽上，有一种丰秀细腻的气韵。为便于防守，其建得相对窄小。

党家村四合院

党家村之所以能够建得起四合院，主要是因为明嘉靖时村里做生意时挣到了大钱，而这些四合院能够得到良好的保存，主要是因为村里建有防御土匪的城堡，并安设有大炮。

长辈住在门房的原因

关于长辈住在门房的原因，因为在陕西四合院的门房里向门一侧开有小窗，这样子女出行及送客父母便都可以看到，可以起到时时监督的作用。

影壁

影壁，又称"照壁"、"萧墙"、"影壁墙"。其功能有三：一是开门时遮挡外人视线以防偷窃；二是起到装饰和烘托气氛的作用；三是邪、鬼在影壁上看到自己的影子就会被吓走。

北方民居的布局

北方民居主要以四合院和窑洞为代表，其中又以四合院为主。整体来说，四合院是"坐北朝南"，为院落式布局。四合院以北房为正房，其后有后院，东西两侧房屋为厢房，正房与厢房的两侧都可建耳房，南侧为门，南侧的房间被称为倒屋，外围有高墙环绕，其中长辈住正房，正房中间为客厅，长子住东屋，次子住西屋，女性住后院，佣人住倒屋。有单建一个四合院者，也有建两个四合院南北相连者，还可以三个或四个四合院相互连通。四合院建筑以北京为标准，山西、陕西等地的四合院只是在规模、样式和风格上略有差别，布局上基本相同。总体来说，窑洞要"背风向阳"、"面山不向沟"，在正门一侧除安有门窗外，高处还要安有天窗以便于取光。窑身为方形，窑顶为圆弧形，因是依山而建，所以窑与山川自然能够完善地融合。窑洞少则一间，多则可以数间相互连接，前有院，各窑在一起组成村落。因主要是依山层级建窑，所以村落建筑群呈现出阶梯式的立体布局。

窑洞节能

窑洞节能：第一是冬暖夏凉，冬天就可以减少取暖用的烧材，避免对植被进行破坏，夏天减少电能支出；第二是依山而建，不占用耕地；第三是节省建筑材料，墙壁、屋顶多取自山体。

四合院里的正房

床、炕

最初中国人是席地而居的，后来从少数民族传入床，所以当时又将其称为"胡床"。炕出现在床后，应该是床和炉的结合品。炕先在北方流传开来，后来才由北向南传播。

窗纸

古时没有玻璃，窗子只能糊上纸用以挡风和视线，玻璃在东北普及之前，民间常将窗纸糊在外边，故有"老太太叼烟袋、窗户纸糊在外"的民谣。

北方民居的结构特证

四合院外形呈四方形或长方形，为封闭式院落，坐北朝南，呈中轴对称，有的地方一改北京四合院只建平房的旧例，开始建造楼房，可单独成院，亦可几个四合院组成建筑群。四合院建筑群一方面保持了单院固有的结构，另一方面又相互结合，在整体上形成了一个大型的封闭式宅园。

窑洞为穴居式住宅，其中土窑是在土崖上直接挖掘而成，接口窑是在土窑的基础上砌砖石等加固而成，石窑和砖窑是在平地上用砖石等物砌成窑洞。门窗为木质，立于朝阳一面，门上还有两个天窗。

蒙古包的结构

蒙古包以毡包为主，是典型的帐幕式建筑，因经常要随水草迁移，所以蒙古包具有拆装方便、易于运输的特点。蒙古包的墙壁由数块条木编成的网状物组成，包顶为伞骨状，与木网连成一体组成框架，再围以毛毡用绳固定，于西南置门，包顶置天窗，周围毡墙上不设窗。一家可以安设多个蒙古包组成住所，内可做饭和居住。

窑洞天窗

　　窑洞天窗与蒙古毡包上的天窗类似，主要功能是通风和采光。由于窑洞也是除了向阳的一侧外，其他墙壁上无法安置窗户，所以在近于屋顶处安置增加光线的天窗就变得十分必要。

游牧民族

　　古代游牧民族以放牧为生，牲畜的饲料多是天然的水草，所以一年四季要不断地随水草迁移。每当发生重大自然灾害或歉收时，这些游牧民族就会出动骑兵深入中原进行劫掠，以缓解内部矛盾。

毡包

　　毡是指用动物的毛发编织成的片状物，主要功能是防寒、防潮等。游牧民族由于以放牧为主不种蚕桑，所以丝绸布匹比较匮乏，加之动物毛发较容易获得，于是多用毡作包。

南方民居

因南方多山岭湖泽，所以其房屋建筑以小巧著称。江苏民居，主要以苏州为代表。苏州有"东方威尼斯"之称，房、门、阶、过道面向江河，院中设天井，墙壁和屋顶相对北方而言较薄，以青砖蓝瓦结构的楼房为主，与水、桥一起组成城市建筑，总体风格为纤小细腻。上海民居，因经济发达所以多为砖瓦结构的质量上乘的楼房，样式上十分新颖，比较多地受到"海派"的影响，有很强的文化因素渗透在民居建筑中，总体风格为大方美观。福建民居，以客家土楼为代表。土楼分方形和圆形两种，外墙多用土、石灰、糯米等筑成，高大而坚固，即使枪弹也难伤其分毫，周边可建房屋，院内亦可建房供人居住。土楼的防御能力强，还能够防潮防震，冬暖夏凉。云南民居，主要以苗族、哈尼族等少数民族的干栏式竹楼为代表。竹楼下层不住人，一般贮藏杂物或饲养牲畜，上层供主人居住之用。上层前部为宽廊、晒台，后部为厅堂和卧室，屋顶多为歇山顶，利于遮挡骄阳风雨。

苏州

苏州，古时称"吴门"、"吴都"，以山水、园林著称，自古便有"江南园林甲天下，苏州园林甲江南"的说法。苏州城于公元前514年由吴国始建，距今已有2500余年的历史。

海派

　　海派主要指代两大群体：一是指19世纪时活动于上海地区的画家流派，主要特点是速成，注重经济效益；二是指文学流派，主要特点是以都市文化为主要内容，充满了商业色彩。

客家土楼

　　客家土楼，又称"福建圆楼"、"客家围屋"，现存8000多座，有方形、圆形、椭圆形等，下为坚固高大的土墙，中间为楼，可住人，上覆瓦质屋顶。土楼主要分布于广东、福建两省。

苏州民居

少数民族民居

哈尼族民居

　　西南及南方少数民族民居的最大特点是分层，下养牲畜上住人。

　　壮族民居为依山傍水建造的木楼，木楼上层住人下层饲养牲畜，前厅用来待客，后厅为日常生活之用，两侧厢房用来居住。在木楼上，火塘安在中心位置，神龛安在中轴线上。

　　阿昌族民居为四合院，主要以木、石等为材料，房屋多为两层式的楼房，上层住人下层饲养牲畜，正房住人，厢房摆放杂物。屋内安放有火塘、神龛等，多依山傍水而建。

　　羌族民居多为碉楼，呈方形，下宽上窄，屋顶平整，墙壁光整高大竖直，以石头砌成，多为三层，以木梯连通，下层饲养牲畜，中间住人，上层贮物，屋顶供晒物和休息之用。

哈尼族民居为蘑菇房，由土质基墙、竹木框架、茅草屋顶三部分组成。屋顶呈斜坡形。共有三层，下层饲养牲畜，中间分成三间厅堂住人，上层贮放杂物。屋内置有火塘。

藏族民居样式较多，藏南有碉楼，藏北有蒙古包，林区有木结构建筑，阿里高原有窑洞，其中以碉楼为代表，多为三层，也是下养牲畜上边住人。

阿昌族

阿昌族，古时又称"峨昌"、"萼昌"等，云南的少数民族之一，有人口近4万，有自己的语言但没有创造相应的文字，文学作品主要靠口耳相传，擅长种稻和打制长刀，喜爱对歌。

羌族

羌族，又称"尔玛"，是中国四川地区的少数民族，有人口30余万，崇尚万物有灵。羌族是一个古老的民族，夏时已有文献记载，汉时的《说文》解释道："羌，西戎牧羊人也。"

哈尼族

哈尼族，是中国云南地区的少数民族之一，是一个古老的少数民族，汉时就已经有文献记载，人口有近130万，善种梯田，讲哈尼语，有自己的文字。

碉　　楼

　　碉楼为多层楼式建筑，因外形酷似碉堡而得名"碉楼"。其日常集居住和军事防御于一体，主要分布于广东等地，以西藏的高碉和广州的开平碉楼为代表。碉楼按材质分有石楼、砖楼、混凝土楼，按使用分有众楼、居楼、更楼，按顶部造型分有柱廊式、城堡式、混合式等。碉楼多呈方形，下宽上窄，屋顶平整，以石头砌成，多为三层，以木梯连通各层，上层饲养牲畜，中间住人，上层贮物，屋顶供晒物和休息之用。各个独立的碉楼多在楼顶以木板为桥相互连通，从而解决了因高大墙壁带来的往来不便的问题。碉楼始建于清初，至20世纪二三十年代开始大规模修建。为什么要建设碉楼呢？如开平，清初此地经常有自然灾害出现，而且匪患不断，至鸦片战争时期匪患更是有过之而无不及，而至民国时战乱频仍，防匪防盗就是修建碉楼的原因之一；另一个原因是开平人经常外出做生意，经过经营家产逐渐丰厚起来，经济是修建碉楼的第二个原因。

开平碉楼

　　开平碉楼，位于广东省开平市，是中国乡土建筑中的一个特殊类型，有很强的军事防御功能。墙壁厚高不惧火攻，窗小且有铁栅，楼上出挑的燕子窝有射击孔，墙壁上亦有射孔。

碉楼

碉楼

鸦片战争

　　鸦片战争，共有两次：第一次发生在1840—1842年，以清朝与英国签订《南京条约》为结束；第二次发生在1856—1860年，以清朝与英法等国签订《北京条约》为结束。

民国

　　民国，全称为"中华民国"，清朝灭亡至中华人民共和国成立这段期间被称为"民国时期"，国父为孙中山，以红底蓝框白日旗为国旗。

蒙 古 包

　　蒙古包，又称"穹庐"、"毡包"等，因是蒙古族住的毡包所以名为"蒙古包"，是典型的帐幕式建筑，主要分布于内蒙古草原和西藏等地，最早可以追溯至匈奴时期。

　　蒙古包的墙壁由数块条木编成的网状物组成，重新安装时，在地上画好圆圈，然后根据圆圈的大小进行组装。毡墙上不设窗。墙壁安装好后再将伞骨状的包顶与木网连接起来，骨架上覆盖的毛毡要用绳子绑定，包顶留有天窗以供通风采光，下雨时可以盖起来。在西南方向安装木框和木门，亦可再加安布帘。包内可放柜、睡具，中间有火塘用来做饭和取暖。

　　因经常迁移，所以蒙古包多具有模块化、体积小、重量轻、

蒙古包

宜拆装、便运输、结构简单、经济实用等特点。在半农半牧地区，多以土作墙，茅草作顶，为定居式建筑；而在游牧地区，一种为可拆装的蒙古包，一种为牛马拉运的不用拆装的蒙古包。

穹庐

穹庐，特指蒙古包，多为白色。古人认为天圆地方，故天亦称穹，庐为屋舍，北朝民歌《敕勒歌》曰："敕勒川，阴山下，天似穹庐，笼盖四野。天苍苍，野茫茫，风吹草低见牛羊。"

蒙古族

蒙古族，属黄色人种，人口近1000万，有蒙古语和文字。初时蒙古只是某一部落的名称，当时最强大的是塔塔尔等部族。成吉思汗打败各部后才建立蒙古国。哈萨克斯坦等国也有蒙古族。

匈奴

匈奴是古代中国蒙古大漠、草原的游牧民族，大部分生活在戈壁大沙漠中。东汉时分裂为南、北匈奴，南匈奴内附，北匈奴开始西迁。

阿 以 旺

阿以旺，又被称为"夏室"，是新疆维吾尔族住宅中一种带有天窗的大厅，主要在夏天时使用，一般用来招待外来宾客和日常生活起居，内有贮物龛和石膏壁饰，有近400多年的历史。

阿以旺为土木结构，有廊，屋盖多为密梁平顶或用木构架起脊，平顶上开出的天窗要高出屋顶半米或者近一米，所开天窗主要用来采光和通风。室内以柱支撑，上架木檩。在潮湿多雨地区可以用砖石做勒脚和房屋的基础，并用苇箔作防潮层；在干旱无雨地区则直接用土木建造，无需抬高地基。

阿以旺厅内四周设有高约半米的土台，可供坐卧之用，旁边设有贮放被褥等杂物的龛，墙壁用象征财富的石膏做纹饰，外接满是葡萄的院子。在整体布局上，阿以旺多参照汉族的三合院、四合院，只是在细处略有差别。因新疆当地民众多信仰伊斯兰教，所以阿以旺不可避免地带有汉族建筑与西亚建筑的特色，如装饰使用的白色和绿色就有很强的伊斯兰教风格，门窗为拱形，廊檐多用砖雕木刻彩画，又显示出鲜明的汉族建造工艺和风格。

维吾尔族

维吾尔族，主要居住在新疆地区，人口近1000万，初为游牧民族，现在转为务农，擅长种植葡萄。维吾尔族也有属于自己独特的文化艺术，如故事集《阿凡提的故事》。

新疆

　　新疆，面积占中国陆地面积的1/6，清乾隆时天山南、北麓统归"伊犁"管辖，后于1884年建立"新疆"，其中南疆以戈壁沙漠为主，可务农，北疆以草原高山为主，可游牧。

新疆的气候

　　新疆为温带大陆性气候，白天暖，晚上凉，有"早穿皮袄午穿纱，围着火炉吃西瓜"的说法。其中北疆多雨，气候温和，南疆气温最低曾达−50.15℃，最高曾达49.6℃。

新疆民居内景

阿以旺

干　栏　楼

干栏式建筑

干栏楼，全称应为"干栏式木楼"，又名"木楼"、"吊脚楼"，为壮族传统民居中的一种。壮族的干栏式木楼分砖木结构和土木结构两种，以柱梁等为主要承重结构，外边墙壁多刷以白灰，屋檐用图案作装饰，屋顶多呈"∧"字形，下养牲畜上住人。

干栏楼正面面对空旷地带，背靠高山，依山傍水进行建造，好处是利于采光和有开阔视野。干栏式木楼多为两层，木楼上层住人，下层饲养牲畜和堆放农具等杂物，下层木楼柱脚的周围用竹片等做围墙。上层房屋少则为三开间，多则为五开间，其中前厅用来待客，后厅为家人日常生活之用，两侧厢房用来居住。火塘安在望到的中心位置，神龛安在中轴线上。

干栏楼的另一种布局是以神龛为中心，女主人住在中间，家婆住在左角，主妇住在右角，男性住在厅堂右侧外边，年轻的女子住在靠近楼梯的位置，这是为年轻男女交往提供方便。除主体建筑外，有的干栏楼还有附属建筑。各家干栏楼可以连通，将整个村寨化为一个大的整体群落。

壮族的服装

壮族的服装以黑、蓝、棕三种颜色为主。壮族妇女擅长纺织，所织的壮布和壮锦，均以图案精美和色彩艳丽著称。男子服装与汉族无太大差别，女子则喜欢在鞋帽、胸兜上用五色丝线绣上花纹。

壮族的禁忌

壮族农历正月初一禁杀生，有些地区禁食牛、狗，头七天外人禁入产房，未满月的产妇不能串门，上竹楼时要脱鞋，禁止带农具进屋，不能用脚触火塘和灶台，禁伤青蛙。

壮族的婚俗

壮族的婚俗有两种，即自由恋爱和父母包办，一夫一妻制。结婚后女子仍然回家居住，叫作不落夫家，只有怀孕后才在婆家长住。女子和男子一样都为主要劳动力，但女子没有继承权。

白族一颗印

　　白族一颗印，是云南地区白族及彝族等民族的一种房屋建筑形式，因在整体布局上有如正方形印章，所以被称为"一颗印"，又因白族的民居多为一颗印，所以人们经常将其统称为"白族一颗印"。

　　一颗印整体构架为穿斗式，正房、耳房为两层楼房，正房下层做厅堂和餐厅之用，上层供居住，耳房下层作厨房和畜圈，上层供居住。正房和耳房间有楼梯连通，二者的屋顶都为双坡顶。大门一侧有倒座和门廊，典型格局为"倒八尺"深。因正房、耳

白族民居

房、倒座的腰檐相互连通，所以天井相对狭小。一颗印以土坯等建墙。

一颗印的主体建筑为正房和耳房，多有"三间两耳"之说，即正房有三个房间，正房左右两侧各有一间小的耳房。正房左右两边各有两间耳房者被称为"三间四耳"。此外还有门、围墙、大厦（正房腰檐）、小厦（耳房腰檐）和天井等，其中此处的耳房相当于汉族建筑中的厢房。一颗印多是坐北朝南，正房对面居中者为大门，大门外以方形土质围墙环绕。

白族

白族，两汉时称"哀牢"，唐时称"白蛮"，元时称"白人"，主要分布在云南、贵州和四川等省，人口近200万，有自己的语言，使用汉字，待客有三道茶，衣服尚白。

土坯

土坯，是指用模具制成的方形或长方形土块。做土坯的土要有黏性，以黄土为佳。做土坯时先用水泡黄土，再加稻草等搅拌，然后制模晾晒。其与砖的区别在于：一是没经过烧制，二是形体比砖大。

坐北朝南

中国地处北半球，一年四季阳光都是从南照射北方，正房设在北方有利于取暖和取得充足光线，原始社会时就已经开始使用坐北朝南这种房屋布局。因北为尊位，所以供长辈居住。

云南土掌房

土掌房，又称"土库房"，是彝族的传统民居，已经有500余年的历史。前期土掌房完全是彝族风格，后期开始融入汉族建筑元素。因主要建筑材料为土，所以冬暖夏凉、防火性能好。此外兼杂以石、木。

土掌房墙基为石材筑成，墙体用土或土坯通过夹板夯实的方法修建。梁直接架在筑好的墙上，在梁上铺好木板或竹条后再铺一层土，经过反复修整后形成水平的屋顶。另一种比较复杂的方法是把梁架在柱子上，铺好木竹等板条后再铺茅草，然后盖泥，最后用细土夯实。这些平屋顶在秋收时可以做晒场。土掌房按层数可分为单层平房、二至三层的楼房。土掌房的正房多为楼房，一楼三开间，中间堂内有火塘和灶台，两侧为卧室，二楼主要用来贮物。土掌房有两间耳房，多为平房，且为两开间，还有天井、照壁。门头及门头下方的斗拱已经明显受到汉族建筑艺术的影响。内院一侧用木材修墙，且上开窗户。土掌房背山面水，在山坡上形成阶梯状分布，屋顶可以相互连通，按从山顶向山下的顺序建房。

彝族

彝族，又称"罗武"、"阿西"等，主要分布于四川、云南、广西等地，是一个古老的少数民族，至今有近5000年历史，人口800万左右，服装尚黑、蓝，男着裤，女着裙，皆有布包头。

土掌房

夹板夯实

修筑台基或墙壁时，先要立柱放板，然后在其内填土打实，通过一层层的夯筑就能建成结实的墙体和台基，这就是夹板夯实。秦长城及直道等就采用了这种建筑技术。

天井

天井是南方房屋结构中的组成部分，一般为单进或多进房屋前后正间中，两边为厢房所包围，宽与正间同，进深与厢房等长，地面用青砖嵌铺的空地。

吉林朝鲜族民居

　　吉林朝鲜族民居以屋顶材质划分可分为草房和瓦房两种。其最大特点是内有大炕，外墙呈白色。

　　朝鲜族民居组成：炕，朝鲜民居中的炕比较大和低平，一半建于地下，上边铺好盖板与灶台齐平，是人们睡觉、吃饭和日常活动的主要室内场所；基台，多高出地面半米以上；正房，除在正面开窗外，还会开一至四个门，内分居室和厨房等；厢房，多与正房配套使用，可以作仓库或居室。

　　朝鲜族民居多为单栋单层建筑，屋顶覆瓦，坡度较小，为歇山顶，四面呈坡状，墙壁刷成白色，木柱外露。朝鲜族民居坐北

朝鲜族民居

朝南，亦有朝向西南和东南的，房屋四周为院落，基本一家一个主房一个院落，由此构成村子，不似南方那样紧凑。朝鲜族民居以外观优美著称，能与自然完美地融合为一体，屋身平矮，门窗窄长，台基也不是十分高耸，屋顶呈缓坡，以缓和的曲线为主，只有左右两头稍微突起，房屋整体比较低平。这种风格的形成与东北寒冷需要加强房屋的保温性能不无关系。

吉林

吉林，省会长春，主要辖有长春、吉林、四平、通化、白山、白城、辽源、松原、延边等地区，人口近3000万，有满、蒙、回、朝鲜、锡伯等少数民族，地势东高西低。

朝鲜族

朝鲜族，中国少数民族之一，19世纪中叶起从朝鲜半岛大批迁入中国定居，和各族人民共同开发东北边疆。主要分布于吉林，黑龙江、辽宁、内蒙古等地亦有分布。有本民族的语言文字。

两次援朝

第一次是明代援朝抗日，发生于1592—1598年，发生了两次较大的战役，以中朝胜利结束；第二次是抗美援朝，时间为1950—1953年，以签订《关于朝鲜军事停战协定》为结束。

井干式建筑

井干式，是中国古代的一种传统木结构，是用圆形或矩形等的木料层层向上叠积，这些相互交叉的木料通过两端切口的反复咬合形成一个整体，成为房屋的外围墙壁。平面上一根根木料形成的是"井"字形，所以这种木结构被冠以井字。井干式民居的墙壁主要通过井干式木结构进行建造。盖屋顶时，先在木墙上放置较短的立柱用以挺举脊檩，中间高两面低，形成两面坡状的顶盖。井干式建筑有平房和楼房之分。

井干式建筑最早用于商代墓葬中，主要用来建造棺椁，后来在修建水井的时候，开始使用这种木结构修建井壁。从汉代开始，井干式被用于房屋建筑，《淮南子》中对其便有文字记载。井干式建筑在中国主要分布于林木十分丰富的地区，如东北、云南、贵州、四川等省区，其中云南南华地区的民居就是此中的代表。与中国传统木结构建筑相比，井干式建筑最大的优点是不用立柱和大梁，但建筑规模和门窗安置上受到建筑材料的限制，加之需要大量的木材，所以普及性不强。

商代

商代，第二个王朝，前1600—前1046年，商汤于鸣条之战中建国，因曾迁都于殷，所以又被称为"殷商"。

井干式木屋

棺椁

棺椁，泛指棺材，中国古人用的棺不止有一重，平民多为一重，王侯等贵族下葬用的棺材少则两重，多则可达三重。其中棺指内棺，椁指内棺之外比其还要大的外棺。

《淮南子》

《淮南子》，又称《淮南鸿烈》，是西汉时期的论文集，由淮南王刘安所编，以先秦时期的诸子百家为主要内容，分为内外两篇，内为21篇，外为33篇。

园 林

江南园林

园林，古时被称为"园、囿、别业、山庄、园池"等。中国的园林是在自然地形和植被的基础上，通过修筑假山、整理沟渠、种树植草、建造亭台、铺设道路等方法，人为地创造出供观赏、游玩和休息的大型园墅，因其中林木丛生、以人工建筑和自然景物为载体而得此名。

园林按内容分有花园、庭园、动物园（主要供打猎）、植物园、动植物园、展出公园、森林公园等；按时间分有古典园林和现代园林。古典园林又可细分为皇家园林、私人园林、寺庙园林、观景园林四种。殷周时，供贵族打猎享乐的动物园林被称为囿，供其游玩休息的园林被称为苑。秦汉时，帝王用的园林被称为宫苑。此外的园林被称为别业等。西晋时，才在诗文中出现"园林"一词，可参见张翰的《杂诗》。北魏时，园林一词开始逐渐被文人所用，《洛阳伽蓝记》中就用此词评论张伦的住宅。唐宋时至今，园林一词开始被广泛地使用。园林代表有苏州园林和岭南园林。

张翰

张翰，字季鹰，号"江东兵步"，官至大司马东曹掾，西晋时人，著名文学家，具体生卒年及事迹不详，《晋书》有《张翰传》，作品被收入《先秦汉魏晋南北朝诗》中。

《杂诗》

暮春和气应，白日照园林。青条若捻翠，黄华如散金。嘉卉亮有观，顾此难久耽。延颈无良涂，顿足托幽深。荣与壮俱去，贱与老相寻。欢乐不照颜，惨怆发讴吟。讴吟何嗟及，古人可慰心。

《洛阳伽蓝记》

《洛阳伽蓝记》，又名《伽蓝记》，因此书主记洛阳的佛寺情况，故得此名，以佛教建筑、奇闻逸事、地理历史等为主要内容。作者是北魏的杨衒之。

园林

塔

　　塔，是指高耸的、顶呈尖状的多层式建筑物，主要有佛塔、灯塔、墓葬祭祖用塔等种类，可分为柱状和锥状。佛塔主要是指佛教收藏高僧舍利或佛教经书的柱状多层式高耸类建筑，塔顶呈尖状。佛教僧人认为收藏舍利的宝塔的层数越多越能证明功德圆满，"救人一命胜造七级浮屠"就是佐证，意指救人之功德胜过造塔自修之功德。中国佛塔主要受印度影响。灯塔在总体形态上与佛塔相似，都为柱状多层式高耸类建筑，塔顶呈尖状。著名的灯塔有法罗斯灯塔。灯塔不用于收藏任何物品而是用于指引海上船只，不建于内陆而是建于河道、海边及海港等近水地区，且顶部安有灯具能够发出强光。灯塔光的可见距离在20海里左右。墓葬祭祀用塔以金字塔为代表，锥体，尖头。埃及金字塔为古代埃及历代法老的陵墓。祭祖用塔以玛雅金字塔为代表，其是锥体多层式高耸类建筑，塔顶为平顶，上面建有庙堂。玛雅金字塔很少被用来作为陵墓。

金字塔

　　一般的金字塔基座为正三角形或正方形，也可能是其他的正多边形，侧面由多个三角形或梯形的面相接而成，顶部面积非常小，甚至呈尖顶状，像一个金字。

灯塔　　　　塔

古代埃及

　　古代埃及位于非洲东北部，四大文明古国之一。古埃及人为黑发、黑眼、黑皮肤，信仰太阳神，于公元前3500年创造了文字，后国王时期以后受希腊和罗马人统治。

玛雅文明

　　玛雅文明是南美洲古代印第安人创造的文明，因此族的族名为玛雅而被命名为"玛雅文明"，形成于公元前1500年。玛雅文明在物质文化、科学艺术等方面取得了很大成就。

图书在版编目（CIP）数据

建筑 ／ 王长印，余芬兰编著. —— 长春 ：吉林出版集团股份有限公司，2013.1
（中华优秀传统艺术丛书）
ISBN 978-7-5534-1381-5

Ⅰ . ①建… Ⅱ . ①王… ②余… Ⅲ . ①建筑艺术－中国 Ⅳ . ①TU-092

中国版本图书馆CIP数据核字(2012)第316587号

建筑
JIANZHU

编　著　王长印　余芬兰
策　划　刘　野
责任编辑　宋巧玲
封面设计　隋　超
开　本　680mm×940mm　1/16
字　数　42千
印　张　8
版　次　2013年1月第1版
印　次　2018年5月第3次印刷

出　版　吉林出版集团股份有限公司
发　行　吉林出版集团股份有限公司
地　址　长春市人民大街4646号
　　　　邮编：130021
电　话　总编办：0431-85618719
　　　　发行科：0431-85618720
邮　箱　SXWH00110@163.com
印　刷　黄冈市新华印刷股份有限公司

书　号　ISBN978-7-5534-1381-5
定　价　25.80元